"十二五"国家科技支撑计划项目（2013BAK05B01、2013BAK05B02）
国家自然科学基金项目（41301584、40871236）
公益性行业（农业）科研专项经费项目（200903041-02）　资助
吉林省青年基金（20140520156JH）

Study on Risk Assessment Technology of Grassland Fire
Disaster and Its Application

草原火灾风险评价技术
及其应用研究

刘兴朋　张继权　著

科学出版社

北　京

内 容 简 介

本书围绕草原火灾风险评价这一论题，利用多学科交叉的理论和多源数据融合的方法，结合翔实的数据、先进的技术和缜密的逻辑研究了我国北方草原火灾风险评价技术，系统地分析了我国北方草原可燃物时空变化规律、草原火灾的成灾机理与致灾过程、草原火行为特征和草原火灾发生时空规律，并在上述研究基础上，对我国北方草原地区火灾进行静态风险评价和动态风险评价。本研究利用实地观测与遥感资料相互印证，草原火灾动态模拟和风险评价技术结合，尽可能地反映草原火灾风险评价的最新发展。最后，介绍了草原火灾风险评价技术在草原火灾综合风险管理中的应用。

本书可供从事草原灾害的管理人员、研究人员、业务人员阅读和参考，还可以供政府减灾管理部门的技术官员、保险的工程技术人员参考使用，也可作为高等院校相关专业研究生的教学参考教材。

图书在版编目（CIP）数据

草原火灾风险评价技术及其应用研究/刘兴朋，张继权著. —北京：科学出版社，2015.12

ISBN 978-7-03-046695-2

Ⅰ.①草… Ⅱ.①刘…②张… Ⅲ.①草原保护-防火-风险评价-研究 Ⅳ.①S812.6

中国版本图书馆 CIP 数据核字（2015）第 302343 号

责任编辑：霍志国/责任校对：张小霞
责任印制：徐晓晨/封面设计：铭轩堂

科学出版社出版
北京东黄城根北街16号
邮政编码：100717
http://www.sciencep.com

北京中石油彩色印刷有限责任公司 印刷
科学出版社发行 各地新华书店经销
*
2015 年 12 月第 一 版　　　开本：720×1000 1/16
2015 年 12 月第一次印刷　　　印张：11 3/4　插页：2
字数：250 000

定价：**80.00 元**
（如有印装质量问题，我社负责调换）

序

我国是一个草原大国，拥有天然草原近 4 亿 hm²，占国土总面积的 41.7%，仅次于澳大利亚，居世界第二位。草原是国土的主体和陆地生态系统的主体，是我国面积最大的绿色生态屏障，是维护国家生态安全的重要资源，是农牧区畜牧发展的重要物质基础。同时，我国也是世界上发生草原火灾比较严重的国家，在近 4 亿 hm² 草原中，火灾易发区占 1/3，发生火灾频发区占 1/6。特别是近年来，随着我国草原保护建设工程的实施，草原植被得到有效恢复，可燃物明显增多；随着全球气候变化和人类活动的增强，草原火险等级也在逐步攀升，草原火灾正呈现出从春、秋两季多发向全年延伸的新趋势，草原火灾威胁日益加重；随着牧区经济社会发展加快，草原上的设施设备不断增加，草原火灾造成的直接经济损失不断加大。我国草原牧区主要集中在西部边远落后地区，也是少数民族分布最集中的地区和全面建设小康社会的重点、难点地区。草原是牧区畜牧业发展的物质基础，一旦发生重特大草原火灾，草原生产力遭受破坏，将严重影响牧区畜牧业发展和牧民持续增收。因此，做好草原防火工作，对于切实保障人民群众生命财产安全，促进我国边疆少数民族地区经济发展和社会稳定十分重要，是落实科学发展观和构建社会主义和谐社会的具体体现。草原防火工作责任重大，事关牧民群众生命和财产安全，事关草业发展和畜产品供给，事关草原资源安全和生态安全，事关社会和谐稳定和应对气候变化大局。做好草原防火工作，既是重大民生问题和经济问题，也是重大的生态课题和政治任务。

我国草原地广人稀，再加上草原火灾发生的原因极为复杂，涉及天气、气候、地形、植被等自然界各种有关的因素以及社会因素，因此其发生具有一定的随机性和不确定性。草原火灾是一种突发性强，而且具有发展快、蔓延迅速的特点，一旦发生，破坏性大、处置救助较为困难、对草原资源危害极为严重的草原灾害之一。近年来，由于对草原火灾的发生缺少思想和物质准备，而导致灾害损失加重的事例屡见不鲜。因此，在加强草原火灾监测预测的同时，加强草原火灾风险评价和管理研究，增强草原防火工作的主动性和预见性，实现从目前灾后被动的危机管理模式向灾前预警、灾时应急、灾后救援"三位一体"的草原火灾风险综合管理与控制模式转变，是贯彻"预防为主、消防结合"方针的首要环节，对提升草原防火减灾能力、保障牧业稳定发展、牧民持续增收、草原生态安全和牧区繁荣等具有重要的现实意义。

当前灾害风险研究是灾害学领域中研究的热点，又是当前政府相关管理部门和生产部门急需的应用性较强的课题，受到国内外学者前所未有的重视。研究草原火灾风险孕育机制、评价方法与技术体系，对草原火灾进行风险评价，根据风险评价结果，进行草原火灾早期预警，并提出合理可行的防范和应给予的减缓措施，以便在草原火灾发生前就能采取行动降低风险，力求使其损失达到可接受的水平，已成为一项十分紧迫的任务。研究成果将为各级草原防火管理部门制定草原火灾日常管理的对策、应急预案体系和减灾规划及防火救助等提供科学依据和技术支撑。

然而，由于人们的认知和技术等方面的原因，我国对于草原火灾风险评估与管理相关的研究工作相对滞后，对草原火灾风险内涵与形成机理、风险评估标准和风险管理还缺乏统一认识和实践检验，实用性和可操作性强的系统综合的草原火灾风险评估技术体系研究还很罕见，这已成为制约我国草原火灾管理工作深入开展的瓶颈。为了解决上述问题，以张继权教授为核心的东北师范大学灾害风险研究团队先后承担了"十五"国家科技攻关项目"草业可持续发展"项目课题"草原火灾预警与风险评估系统研究"、"十二五"国家科技支撑计划项目"重大自然灾害综合风险评估与减灾关键技术及应用示范"课题"重大自然灾害风险辨识与评估关键技术研究与示范"、国家自然科学基金项目"基于多源信息融合的草原火灾风险评价体系构建及其在应急管理中的应用研究"、国家自然科学基金项目"大尺度空间草原火灾情景模拟与灾情推演研究"、公益性行业（农业）科研专项经费项目"草原火灾应急管理技术"课题"草原火灾风险评价技术研究"等科研项目。该书是上述项目部分最新研究成果的总结，也是刘兴朋博士论文的主要内容，以我国北方草原和典型草原区锡林郭勒盟为研究区，对草原可燃物时空变化规律、草原火灾的风险形成机理与致灾过程、草原火行为特征和草原火灾发生时空规律、草原火行为模拟、草原火灾静态风险评价和动态风险评价技术方法及其在草原火灾综合风险管理中的应用等进行了比较系统的研究。

　　该书的研究成果一方面极大限度地利用已有的区域资料进行与资料详细程度相应的准确的区域范围内的风险评价和管理，同时利用遥感技术和室内外模拟与观测可以获取草原火灾与背景数据，进行草原火灾风险监测预警，并且可以在随着时间推移资料得到更新后或草原火灾风险控制措施实施后，很方便地重新进行实时风险评价，得出现有风险状况，及时反馈信息给决策层和管理层。另一方面，当一个地区地学信息系统和草原火灾风险评价和管理模式建立以后，该地区今后所发生的草原火灾事件相关的资料信息可以得到很好的管理，经过一个积累过程之后，即可进一步完善和修正该地区草原火灾风险因子所占的比值、发生的概率和灾害损失率，逐步提高风险评价的准确性和客观性，从而提高草原火灾风险管理水平。

　　该书的作者张继权教授及所培养的博士刘兴朋是我国较早开展草原火灾风险研究的主要学者，随着研究的深入，作者们对草原火灾风险评价和管理的理解视角不断开阔，对该领域国际研究的动向也有较好的把握。该书的研究内容和方法的设计上均蕴含着开创性的科学思路，理念先进，技术可行，资料翔实，内容丰富，包含了许多原创性的成果，是迄今有关草原火灾风险研究领域较全面和系统的一部专著。研究成果可弥补我国相关研究领域的不足，将开创草原火管理的新途径，我相信该书的出版将大大推动我国草原灾害风险评估与管理的科技进步和研究进程，对自然灾害风险理论的发展也具有较大贡献。该书的出版将有助于拓展草原灾害管理的研究领域，确立适合我国国情的草原火灾风险评价和管理的理论、方法与体制，优化草原火灾综合风险管理技术体系和防范模式，提升为牧业服务的水平，同时也为进一步开展草原火灾研究和防灾减灾应对决策提供理论基础和实用技术。为此，我谨向为该书出版做出贡献的科技工作者和出版人员表示衷心的感谢。同时，也预祝该书的著者在今后的研究工作中取得更好、更丰硕的成果。

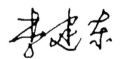

原中国草学会草原火管理专业委员会 会长

东北师范大学草地科学研究所 教授

2015 年 12 月 11 日

前　　言

　　灾害作为重要的可能损害之源，历来是各类风险管理研究的重要对象，引起国内外防灾减灾领域的普遍关注。特别是 20 世纪 90 年代以来，灾害风险管理工作在防灾减灾中的作用和地位日益突显。1987 年 12 月，联合国大会通过决议，将 1990～2000 年定为"国际减少自然灾害十年"（IDNDR）。1999 年，IDNDR 科学与技术委员会，在其"减灾年"活动的总结报告中，列举了 21 世纪国际减灾界面临的五个挑战性领域。其中三个领域与灾害风险问题密切相关：其一是综合风险管理与整体脆弱性降低；其二是资源与环境脆弱性；其三是发展中国家的防灾能力。2009 年联合国国际减灾战略（UNISDR）出版了具有里程碑意义的《全球减少灾害风险评估报告：气候变化中的风险和贫穷》（GAR）第一版。这是第一份全球报告，对发展中国家低强度广布型风险作了具体评估，对灾害频发国家执行兵库行动框架的进展情况作了综合评估。这表明，灾害风险及其相关问题的研究仍是当前国际减灾领域的重要研究前沿。

　　草原生态系统是陆地最大生态系统。草原生态系统在其结构、功能过程等方面与森林生态系统、农田生态系统具有完全不同的特点，它不仅是重要的畜牧业生产基地，而且是重要的生态屏障。草原生态系统所处地区的气候大陆性较强，这里年降雨量很少，常产生干旱现象。在不同的季节或年份，降雨量分布很不均匀，因此，种群和群落的结构也常发生剧烈变化。草原生态系统也是陆地上最脆弱生态系统之一。由于自然环境较为恶劣，且生产力较为低下，加上人类活动的不合理性，导致草原灾害频繁。在草原区草原火灾、草原旱灾、草原病虫害、草原雪灾和草原鼠害等是影响草原可持续发展的几个主要灾害。在这些灾害中，火灾是各类灾害中发生最频繁且极具毁灭性的一种灾害。在草原的灾害系列中，草原火灾对草原资源危害极为严重。草原火灾可以烧毁地表植被、损毁牧草、破坏土壤结构、引起沙尘暴和水土流失、烧死地表珍贵物种等，造成草原生态环境系统的破坏。草原火灾同时给牧区人民生命财产带来很大威胁，给经济建设、社会安定带来巨大负面影响。由于我国大部分草原在地理位置上与林区相连，草原一旦起火，极易烧入林区，酿成森林火灾，对森林资源构成严重威胁。草原火灾与草场退化相互耦合促进，形成恶性循环，加剧了草原退化进程，造成草原生态环境日趋恶化，沙尘暴、水土流失等危害日益加剧，制约了我国畜牧业经济可持续发展。

进入 21 世纪以来，随着人们对草原生态价值、经济价值和社会价值认识的提高，草原地区可持续发展逐渐被学者所认知。草原地区也进入合理开发利用阶段，各种草原建设设施以及生态工程建设投入使得草原植被条件得以较好的改善。从燃烧学理论可知，当可燃物和火源条件在同一空间同时存在时，草原火灾必将发生。因此，草原火灾的发生是客观存在的。我们必须认识到草原防火工作是一个长期过程。以往草原火灾管理遵循危机管理的理念，处理草原火灾时往往重视短期效果的实现，对草原火灾发生前风险辨识和风险分析工作不足，导致草原火灾发生后的应对工作很匆忙，草原火灾防治效果不好。草原火灾风险管理是从草原火灾发生前的孕灾阶段到火灾发生时的实时模拟与评估、灾后灾情评估和救助全过程的灾害管理体系。因此草原火灾风险管理是一种先进的草原火灾管理模式。开展草原火灾风险评估研究是进行草原火灾风险管理的重要内容，因此本研究对于草原区火灾风险管理的实施具有推动作用。从草原火灾风险管理角度上讲，草原火灾风险可以控制，但是不能消除。我们也应该从意识上改变消除火灾风险的错误观念。

全面认识和恰当评价灾害给人类社会造成的风险，既是防灾减灾工作的基础环节，也是人类经济社会可持续发展的迫切需要。防灾减灾体系建设也需要以正确的灾害风险分析成果为基本依据，需要用风险的理念认识和管理灾害，最大限度地减轻灾害的影响，谋求社会经济的可持续发展。经过多年的发展，我国已经建立起比较完善的草原火灾监测系统和服务体系，培养了一大批草原火灾管理专业技术人才，在草原区防灾减灾中发挥了重要作用。近年来卫星监测技术的发展以及其在草原火灾监测中的应用，极大地提高了草原火灾监测预警与评估的能力，推动了草原火灾管理向更广的方向发展。但是草原火灾风险研究涉及自然地理学、气象气候学、地理信息科学（遥感与地理信息系统）、燃烧学、生态学、灾害科学、风险管理、草原科学和管理科学等多学科交叉领域的理论与方法，需要综合多要素对草原风险进行综合评估。

"风险辨识"、"风险分析"和"风险评估"是风险管理的三个重要主题。草原火灾案例分析、火行为分析和灾情模拟重现是实现草原火灾风险管理三个主题的重要方法。这些也是本书的核心内容。本书是对草原火灾风险评估技术研究阶段性工作的总结和整理。本书通过对草原火灾案例分析实现草原火灾时空分布规律研究；利用室内外点火实验和案例分析对草原火行为特征进行研究；在草原火行为分析基础上，借助元胞自动机实现草原火灾动态蔓延模拟；借助遥感和地理信息技术以及蒙特卡罗方法实现草原火灾风险评估，并提出草原火灾风险评估应用方式。具体取得以下重要研究成果：

（1）草原火灾灾损规律的确定。根据草原火灾风险的模糊性，针对草原火灾发生的小样本特征，将信息扩散理论应用到草原火灾风险研究中，得到不同草原火灾发生次数的概率；建立了草原火灾次数和草原火灾损失之间的一个模糊关系，应用该模糊关系可为草原火灾灾后救助提供依据。

（2）草原火灾静态、动态风险评价。利用自然灾害风险评价理论，首次以公里网为研究尺度，在草原火行为研究基础上，对影响草原火灾风险的影响因子进行分析，建立了包括人为影响因素在内的草原火灾风险评价指标体系，构建了我国北方草原火灾风险模型，并最终利用方差分析对我国北方草原火灾风险进行分级，将我国北方草原火灾风险分为低、中低、中、高和极高五个等级。针对草原火灾风险的动态性，本研究以火行为研究为基础，从人为因素、气象因素、可燃物因素这三个方面入手，得到草原火灾发生动态可能性大小，并利用蒙特卡罗模拟方法生成随机大量样本对该结果进行验证，结果满足草原火灾动态风险预报要求。

（3）提出基于草原火行为研究的草原火灾风险评价—草原火灾模拟—草原火灾救助的草原火灾风险管理模式。

本书的前期研究和出版得到了"十二五"国家科技支撑计划项目（2013BAK05B01、2013BAK05B02）、国家自然科学基金项目（41301584、40871236）、公益性行业（农业）科研专项经费项目（200903041-02）和吉林省青年基金（20140520156JH）等的资助，在此表示感谢。

作者在前期研究中参阅了大量的国内外学者文献，主要观点均作了引用和标注，特此表示衷心感谢，如有疏漏，在此表示歉意。由于作者水平与能力有限，书中难免有不足之处，敬请各位前辈、同行和广大读者批评、赐教。

刘兴朋

2015 年 9 月 1 日于长春

目　　录

彩图

Contents

第1章 绪 论

草原是指以草本植物为主体的生物群落及其环境构成的陆地生态系统，包括天然草原和人工草地。作为最大的陆地生态系统，草原在生态环境和社会经济发展中都具有重要作用。

1. 生态环境价值

对于我国北方草原来讲，天然草原主要集中分布在北方干旱半干旱区。大面积的天然草原覆盖了辽阔的中国北部地区，是我国乃至许多亚洲国家重要的生态屏障，是区域生态环境稳定的重要保障。

1) 重要的生态环境屏障

草原地区降水量少、风速大、土壤极易受到破坏。草原植物贴地面生长，能很好地覆盖地面，增加下垫面的粗糙程度，降低近地表风速，从而可以减少风蚀作用的强度，起到防风固沙作用。有研究表明，当草原植被盖度为30%～50%时，近地面风速可削弱50%，地面输沙量仅相当于流沙地段的1%。在干旱、多风、土瘠等条件下，草本植物较易生长，随着流动沙丘上草本植被的生长，沙丘逐渐由流动向半固定、固定状态演替，最终形成固定沙丘、沙地，有效控制沙尘源地，减少沙尘暴的发生发展。

天然草原不仅具有防风固沙能力，而且具有截留降水的功能。生长植被的草原土壤比空旷裸地有较高的渗透性和保水能力，对涵养土地中的水分有着重要的意义。有研究表明，草原比裸地的含水量高20%以上，在大雨状态下草原可减少地表径流量47%～60%，减少泥土冲刷量75%。我国很多地区的天然草原植被状况的好坏，在很大程度上决定了这些地区流域内水土流失的状况。因此，草原可以起到水土保持作用。

2) 改善大气环境质量

草原对全球气候和局部气候都具有调节功能。草原植物通过叶面蒸腾，能提高区域内环境的湿度，有研究表明，大面积的草地与裸地相比，草地上的湿度一般较裸地高 20％左右，小面积的草地也比空旷地的湿度高 4％～12％。在植被生长较好的草原地区的周围，环境湿度较大，在植被茂密的草原上空，很易形成降雨。植被可以减缓地表温度的变幅，增加水循环的速度，进而起到改善大气环境的作用。草原还可以通过对温度、降水的影响，缓冲极端气候对环境和人类的不利影响。

草原植物通过光合作用进行物质循环的过程中，可吸收空气中的 CO_2 并放出 O_2，是地球上重要的碳汇。草原还是一个良好的"大气过滤器"，草原能吸收、固定大气中的某些有害、有毒气体。很多草类植物能把氨、硫化氢合成为蛋白质；能把有毒的硝酸盐氧化成有用的盐类，如多年生黑麦草和狼尾草就具有抗 SO_2 污染的能力。所以草原植被具有减缓噪声、释放负氧离子、吸附粉尘、去除空气中的污染物的作用。

3）重要的生物基因库

由于草地资源分布在多个不同的自然地理区域，自然环境条件的复杂和多样性形成和维系了草地生态系统高度丰富的生物多样性。我国草原主要分布地区地势高亢、气候寒冷、降雨稀少，为众多稀有的耐寒耐旱的草本植被的发育和草食野生动物的繁衍生息塑造了得天独厚的优越条件，构成了我国生物多样性系统中特殊的结构部分。据初步统计，草原生态系统类型占我国陆地生态系统类型的 53％。所以草原是我国重要的天然植物基因库和重要的动物基因库，对我国生命科学的发展具有重要意义。

4）全球气候的调节器

草原的碳汇功能非常强大，与森林、海洋并称为地球的三大碳库。地球上草原储存碳的能力为 4120 亿～8200 亿 t，略低于森林（4879 亿～9560 亿 t），但高于农田（2630 亿～4870 亿 t）及其他生态系统（510 亿～1700 亿 t）。草原作为我国最大的陆地生态系统，在我国占据着特殊的生态地理位置，对气候和环境变化具有非常重要的影响。健康的草原生态系统可起到维持大气化学平衡与稳定、抑制温室效应的作用。人类对草原不合理的开发利用（开垦、过度放牧等）会加速草原土壤中的碳向大气中的排放，对全球气温的升高产生促进作用，进而加剧生态环境的恶化。

2. 社会经济价值

草原是商品牲畜、役畜和种畜的生产基地，以草原为基本生产资料的牧业可以为人类提供大量的肉、皮、乳、毛、绒，改善人类的生活条件，满足人类物质生活的需要，丰富人们的物质生活。草原中蕴含众多的稀缺性药用价值植物、动物以及多种工业原料植物等，也可以带来经济增长。草原旅游业的发展同样会促进社会经济发展。随着经济的高速发展，我们对草原资源的需求也在不断加大。

草原是我国牧区和半牧区少数民族人民生产生活的重要物质基础。我国大部分草原集中在北部、西部边远、少数民族地区，因此维护草原地区可持续发展，在确保国防安全、加强民族团结等方面意义重大。

作为陆地最大生态系统，草原地区也极易受到各种自然灾害的影响。草原地区受到的主要自然灾害包括草原火灾、草原病虫害、草原鼠灾、草原旱灾和草原雪灾等。这些自然灾害加上人类对草原的不合理利用，导致草原"三化"（草场沙化、退化和盐碱化）灾害加剧。近年来，随着全球环境变化和经济社会发展，草原灾害已经呈现出频繁发生的趋势。火灾是各类灾害中发生最频繁且极具毁灭性的一种灾害。在草原的灾害系列中，草原火灾对草原资源危害极为严重。草原火灾可以烧毁地表植被、损毁牧草、破坏土壤结构、引起沙尘暴和水土流失、烧死地表珍贵物种等，造成草原生态环境系统的破坏。草原火灾同时给牧区人民生命财产带来很大威胁，给经济建设、社会安定带来巨大负面影响。由于我国大部分草原在地理位置上与林区相连，草原一旦起火，极易烧入林区，酿成森林火灾，对森林资源构成严重威胁。以内蒙古为例，据统计，内蒙古的森林重大火灾70%是草原火灾引起的。同时，我国的林下草地和林间草地占很大比例，因此，草原火灾防治的有效性对森林资源保护具有重要意义。作为重要的生态脆弱带，草原区的灾害研究对于草原保护具有重要意义。由于受全球气候异常影响，全球森林草原火灾发生概率不断增加，草原火灾造成的危害程度不断加大。

草原火灾突发性强、破坏性大、处置救助较为困难，对草原资源危害极为严重。同时草原火灾的发生也给牧区人民生命财产带来很大威胁，给经济建设、社会安定带来巨大影响。我国是一个草原火灾隐患较大的国家，草原火灾风险防范是我国草原地区一个重要的公共安全问题。在我国约 4 亿 hm² 草原中，火灾易

发区占 1/3，频繁发生火灾区占 1/6；新中国成立以来，仅牧区就发生草原火灾
5 万多次，累计受灾草原面积 2 亿 hm²，造成经济损失 600 多亿元，平均每年 10
多亿元。特别是近年来，随着我国草原保护建设工程的实施，草原植被得到有效
恢复，火险等级也在逐步攀升，草原火灾威胁日益加重。因此，为了实现对草原
火灾发生发展空间上的掌控能力，开展草原火灾风险评价研究，对于提高草原火
灾扑救决策水平，保障扑火人员人身安全，改善我国生态大环境、促进我国畜牧
业发展具有重大战略意义。

　　草原火灾风险研究涉及自然地理学、气象气候学、地理信息科学（遥感与地
理信息系统）、燃烧学、生态学、灾害科学、风险管理、草原科学和管理科学等
多学科交叉领域的理论与方法，是以上众多学科的交叉领域。因此，对于草原火
灾风险评估的研究也有助于其他学科的发展，本研究的开展也必将推动各相关学
科的交叉、渗透和新兴学科的形成与发展。

1.1　背景与意义

1.1.1　研究背景

　　我国是一个草原大国，仅天然草原面积就接近 4 亿 hm²（1991 年调查数
据），占国土总面积的 41.7%，仅次于澳大利亚，居世界第二位。其中位于我国
北方的温带草原是欧亚大陆草原的东翼，草原带横跨我国北方 12 个省份，总面
积约 2.38 亿 hm²，占所在行政面积的 40.9%。我国多数草原分布在干旱、半干
旱地区，其中在东经 110°以东、北纬 40°以北的草原区地域辽阔、牧草茂密，是
发展草原牧业的重要基地[1]。

　　我国是一个生态环境比较脆弱的国家，作为我国最大生态系统之一的草原生
态系统，它的生态意义极为重要。草原生态系统是各类生态系统中最为脆弱的开
放性系统，极易遭受各种自然灾害和人为灾害的侵袭与破坏[2]。但是随着人类活
动增强和全球气候变化的影响，草原灾害事件发生越来越频繁，生态环境恶化现
象越来越严重。草原灾害与生态环境恶化耦合发生，给我们的畜牧业和草原生态
造成了很大威胁。尤其是在全球气候变化大背景下，由于自然条件的变化和人们
对草原生态系统的强度干扰，草原灾害始终不断。草原火灾、雪灾、旱灾、鼠

害、虫害、牧草病害等灾害频繁发生且损失严重。例如，2000 年 12 月 31 日，一场历史罕见的沙尘暴夹带暴风雪的双重灾难袭击内蒙古锡林郭勒盟。这次灾害中受灾较重的人口已达 10 多万人，各旗县共死亡 27 人，失踪 14 人，受灾牲畜达 300 多万头，大量牲畜被冻死，盟内主要交通干线中断。2005 年 10 月 16 日锡林郭勒盟东乌珠穆沁草原火灾烧毁草场面积约 1 万 hm²，烧死 200 余只羊，投入救火的官兵达 800 多名，大火在次日凌晨 1 时才被扑灭。2010 年 5 月 16 日下午，锡林郭勒盟东乌珠穆沁旗萨麦苏木发生草原火灾，草原火灾燃烧 3h，烧毁草场面积约 1800 亩（1 亩≈666.7m²，后同）。近年来，由于生态环境恶化，草原生态系统的稳定性降低，导致草原次生灾害或衍生灾害发生的可能性大大增加。

草原火是草原生态系统七大生态因子之一，是环境不可缺少的组分，也是温带草原最重要的生态因子[3]。但是草原火是同时具有灾害属性和工具属性的生态因子。由于不合理的开发和人类活动的增强，草原火在很多时候都成为影响草地畜牧业持续稳定发展的重要干扰因素[4]。草原火对生态系统、经济社会等造成损失便形成草原火灾。草原火灾作为影响草原生态环境日趋恶化的重要因子有着重要的孕育环境：我国北方草原地处温带的干旱、半干旱、半湿润区，春、秋两季气候干旱、风大、日照时数长、地表枯枝落叶丰厚，这就给我国北方在春、秋两季草原火灾的频繁发生提供了环境条件。草原火灾经常给当地造成突发性的灾害，给草地生态系统及社会财富和畜牧业生产造成无法估量的损失。特别是当草原火灾发生后，由于大火破坏了地表的可燃物以及土壤表层中的腐殖质，这极易对土壤结构造成破坏，造成水土流失，并最终形成土壤沙化。其中更为严重的是，草原火灾与草场退化相互耦合促进，形成恶性循环，加剧了草原退化进程，造成草原生态环境日趋恶化，沙尘暴、水土流失等危害日益加剧，草原退化严重，制约了我国畜牧业经济的可持续发展。

从灾害角度讲，草原火灾是一种突发性强、破坏性大、处置救助较为困难、对草原资源危害极为严重的草原灾害之一。草原火灾的发生常给牧区人民的生命财产带来很大威胁，给经济建设、社会安定带来巨大负面影响，既严重制约着我国畜牧业生产稳定发展，同时也对人民的生存环境乃至国土安全构成严重威胁。我国是一个草原火灾隐患较大的国家，在我国广袤的草原中，火灾易发区占1/3，频繁发生火灾区占 1/6；草原过火过程中，草原火强度一般为 25～1341kW/m，一般传播速度为 0.01～0.35m/s，在有风条件下，火借风势，火势增强，土壤表层温度一般变化在 110～400℃，可对地面上人员、财产和生态系统形成威胁。1950～2008 年，仅牧区就发生草原火灾 5 万多次，累计受灾草原面积 2 亿 hm²，造成经济损失 600 多亿元。草原火灾燃烧速度快，火焰温度高，无论是对草原区人民生命财产还是扑火人员生命安全都是一种威胁，特别是在草原火灾扑救过程中，由于扑火人员对草原火灾发生发展情况不了解，造成人员伤亡的事件常有发生。各种草原火灾造成人员死伤 1800 人，其中烧死 400 多人，一部分伤员成为终身残废。例如，2010 年 12 月 5 日四川省甘孜州道孚县发生特大草原火灾，造成 22 名扑火人员牺牲。2012 年 4 月 7 日，东乌珠穆沁旗发生特大草原火灾，造成 2 人死亡、8 人轻伤。尽管近年来我国每年草原火灾受害面积不超过 100 万 hm²，烧死烧伤人数也有较大幅度下降，但是草原火灾情况并没有得到有效遏制，同森林火灾相比，我国每年草原火灾受害面积都是同期森林火灾受害面积的数倍。特别是近年来，我国草原保护建设工程的实施，草原植被得到有效恢复。随着全球气候变化和人类活动的增强，我国草原区的火险等级也在逐步攀升，草原火灾威胁日益加重。我国北方地区是温带草原的主要分布区，北方边境地区草原火灾隐患更多，人为火是主要扰动因子，人为火源所导致的草原火灾占发生总数的 95％以上。同时，由于火种繁多，而且极为分散，控制火源、防止火灾的难度很大，加之防扑火手段落后，不能及时扑灭而酿成很多大灾。虽然我国草原火灾形势严峻，但是我国对草原火灾的重视不够，缺少对草原火灾管理的风险意识，造成我国草原火灾管理存在着"头痛医头，脚痛医脚"的危机管理局面。为了实现对草原火灾防止于未然，我们开展草原火灾风险评价研究，这样可以实现我国草原火灾管理由危机管理向风险管理的转变，提升我国的草原火灾管理能力。

草原火灾风险评价研究可以提升草原火灾风险管理水平。通过草原火灾风险评价，可以确定草原火灾风险空间分布、草原危险性空间分布、草原承灾体暴露性和脆弱性的空间分布以及防火减灾能力的空间分布情况，达到草原火灾预测、预警、草原火灾扑救、物资人员转移等的有效调控。草原火灾风险评价可为卫星遥感监测提供草原地面草地、人员等信息，可以帮助卫星遥感监测去除伪火点。草原火灾风险评价可为草原火灾物资库布局、防火站点布设、灾后救助等提供依据。因此，开展草原火灾风险评价研究对于草原管理具有重要意义。

1.1.2 研究目的和意义

广阔的草原位于环境梯度的中间位置，是森林和沙漠之间的过渡地带，因此草原的生态意义极大。这种格局同时使得草原成为受环境影响最大的一条生态脆弱带。对于我国来说，草原是我国最大的陆地生态系统，是我国一条最大的绿色生态屏障。对于我国北方牧区来说，草原是畜牧业发展的重要物质基础和农牧民赖以生存的基本生产资料，是维护生物多样性的种子基因库，也是维系国家生态系统、促进牧区社会经济可持续发展的重要物质基础。

在草原灾害系列中，草原火灾对草原资源危害极为严重，同时草原火灾的发生也给牧区人民生命财产带来很大威胁，给经济建设、社会安定带来巨大负面影响。由于我国草原在地理位置上与林区相连，草原一旦起火，极易烧入林区，酿成森林火灾，对森林构成严重威胁。以内蒙古为例，据统计，内蒙古的森林重大火灾 70% 是草原火灾引起的。同时我国的林下草原占很大比例，因此，防止草原火灾的成败与否对森林资源保护具有重要意义。作为重要的生态脆弱带，草原区的灾害研究对于草原保护具有重要意义。例如，2007 年，全国共发生草原火灾 248 起，受害草原面积 1.2 万 hm^2，烧死 1 人；2008 年，全国共发生草原火灾 251 起，其中草原火警 228 起，一般草原火灾 19 起，重大草原火灾 4 起，受害草原面积 9895.9 hm^2；2009 年，我国共发生草原火灾 192 起，其中重大草原火灾 1 起，特大草原火灾 2 起，牲畜损失 372 只（头），受害草原面积 2.48 万 hm^2。虽然近年来我国草原火灾出现了历史性的低水平，但是由于受全球气候异常影响，我国火灾发生概率将会不断增加。随着我国草原区经济水平的发展，使得草原火灾造成的危害程度不断加大。因此，进行草原火灾风险研究对于改善我国生态大环境、促进我国畜牧业发展具有重大战略意义。

草原火作为野火的一种，受到可燃物特征、气象条件、地形变化等自然因素和扑救水平、监测力度等有关社会因素的影响，其发生原因极为复杂，具有一定的随机性和不确定性，草原火灾的预警难度大。此外，由于我国草原火灾研究工作起步较晚、基础差、底子薄，草原火灾管理还没有像城市消防和森林防火那样受到重视，特别是在草原火灾风险机理等基础研究和对监测数据的自动化管理等方面的应用尚处起步阶段，因此我国草原火灾防范效果不明显。为了加强对草原火灾的管理，本研究借助野外点火实验、室内测试实验、多源信息融合技术，以及非线性风险评价技术方法等现代化科技手段、灾害风险评价理论等，从实验数据、遥感数据、历史草原火灾案例数据入手对草原火灾风险进行研究。本研究的内容涉及草原火行为研究、草原火灾灾损规律研究、草原火灾风险研究、草原火灾动态模拟研究。其中草原火行为研究和草原火灾灾损规律研究是草原火灾风险研究的前提，草原火灾风险结果和草原火灾动态模拟结果综合应用到草原火灾风险管理中。本研究对于提高我国草原火灾风险的研究水平和风险管理能力具有一定意义。

草原火灾研究涉及草原火的发生、草原火的发展（蔓延）、草原火灾的形成、草原火灾的扑救、草原火灾灾情评价五个阶段。对于草原火的发生，火三角理论认为，火的形成主要是可燃物、氧气和火源三个国家相互作用。在自然界中，氧气是充足的，因此，对火源和可燃物的研究对于草原火的起火研究具有重要意义；草原火的蔓延形态与当地的可燃物特征（温度、湿度、连续度、高度等）、地形起伏（阳面、阴面、上坡、下坡等）、气象条件（温度、相对湿度、风速等）有关；草原火灾的扑救与草原火的蔓延、道路情况、扑救手段等有关；草原火灾灾情评价与草原火灾强度、蔓延速度、扑救水平、社会经济暴露性和脆弱性等因子有关。从上面的分析可知，草原火灾研究在过程上是丝丝相扣的。目前，多数研究注重可燃物特征（含水量、承载量）等因子，而缺少对火源相关内容的研究。在草原火灾的发生、发展、熄灭过程中，气象条件是一个重要的影响因子。因此，可燃物、地形和气象要素被公认为是草原火灾研究中的关键自然要素。可燃物的类型、湿度、厚度、承载量、连续性等，地面的坡度、坡向的大小，下垫面空气温度、湿度、风速等对草原火灾的发生、发展都具有重要意义。在地理环境中，土壤、地形、气象气候要素的地理差异，使得草原的可燃物类型、承载量、湿度等特征出现差异，草原火灾危险性（火险）形成不同的组合型。在不同的草原火灾危险性组合型中，草原火灾的发生、发展难易程度是不同的，不同组合型以及组合型中关键要素之间的相互关系及其对草原火灾风险的贡献率也是不同的。本项目通过对草原火灾关键要素组合型进行系统实验，分析草原火灾风险的内在机理，为草原火灾研究提供一个新的思路。

草原火灾风险在受到自然因素影响的同时，也受到人为因素的扰动。在有些区域，人为火源所导致的草原火灾占发生总数的95%以上，由于火种繁多且分散，草原火灾风险的地域差异更加复杂。而草原火灾人为因素的扰动又与草原土地利用类型（坟场、草场等）、人口分布、交通网分布有密切关系。研究草原火灾风险中人为因素的扰动可以有效地分析草原火灾中人为火源的分布、强度、起火概率等问题，为草原火灾中人为火灾的研究提供科学基础。

草原火灾风险评价不同于以往的草原火险研究，草原火灾风险评价是对草原火灾的孕灾环境的危险性、承灾体的暴露性、脆弱性和防火减灾能力的综合评估。在指标选取上，克服以往草原火灾单一自然属性的研究，充分考虑草原火灾的社会属性。在研究方法上，摒弃以往自然要素之间简单叠加的方法，建立各自然要素之间耦合关系及其与草原火灾风险的关系，以研究草原火灾风险形成机理。在技术手段上，利用多源遥感信息获取草原火灾风险评价所需的关键指标，利用GIS的空间数据管理和空间分析能力，使得草原火灾风险评价结果更接近实际。目前草原火灾监测主要依靠人工和卫星进行火点观测识别，由于缺乏对下垫面情况的评价，导致很多火点信息无法正确识别，对已经识别的火点信息也无法准确地进行火情和灾情预警，造成我国草原火灾预警效果不明显，而且无法用于扑火和应急救助。通过多要素草原火灾风险评价研究，可以为草原火灾监测预警提供依据，并针对不同的评价结果，因地制宜地制定草原火灾防范措施。这些对于从传统的草原火灾危机管理向风险管理转变具有重要意义。

草原火灾风险评价涉及指标众多，其中可燃物特征的获取最为困难。草原火灾主要发生在防火期内，这时草原植被大多进入枯萎期，利用现代单一遥感方法进行识别误差较大。利用植被生长期和枯草量建立回归模型只能得到可燃物的承载量，而无法获取可燃物湿度、排列方式等重要信息。目前国内外还没有成熟的方法进行草原防火期内可燃物特征的获取。本研究将通过利用遥感数据和实地调查反演得到防火期内草原可燃物承载量，为草原火灾评价提供数据基础。

草原火灾蔓延预测是进行草原火灾风险管理的重要一环。通过草原火灾风险与草原火灾蔓延预测的结合，可以为草原火灾的救援救助提供决策建议。草原火灾蔓延路径的动态显示可以为扑火路径的选择提供决策，可以实时地指导火灾现场扑救人员扑火与自我保护。由于草原火灾的演化是一个复杂的非线性过程，因此草原火灾蔓延模拟是一个复杂的过程，草原火灾蔓延过程中涉及天气、可燃物、地形等多方面因素，很多线性数学、非线性数学方法都很难精确描述火灾蔓延过程。利用离散性模型和连续性模型在草原火灾蔓延模拟上各有优缺点。本研究通过利用元胞自动机理论实现草原火灾蔓延研究，将草原火灾蔓延模拟结果叠加在草原火灾风险图上，可为草原火灾管理提供更为丰富的信息。

草原火灾是众多自然灾害的一种，草原火灾跟其他气象灾害也有着相辅相成的联系，如草原干旱可以加剧草原火灾的发生等，因此，通过本研究可以促进草原干旱等研究的进行。同时由于本研究中用到了很多灾害理论、灾害风险理论、风险分析理论等众多的理论方法，这些方法都可以通过改进，应用到相关领域中，因此，本研究成果可以在一定程度上满足国家在草原防火、草原生态建设、草业可持续发展等领域的技术需求。同时本研究的主要研究方法、模型及关键性技术可用于其他灾害研究，对交叉学科的发展具有重要意义。

1.2 研究前沿与进展

世界上草原火灾发生频繁，且极易引起森林火灾，因而也引起国内外火灾科学研究者的重视。火灾是生态环境中的重要扰动因子，20世纪80年代中期，美国提出野火管理的科学概念和体系，同时美国、加拿大、俄罗斯等发达国家开展使用遥感卫星数据和计算机技术进行火灾监测，建立了火管理系统和监测预报系统，并直接服务于生产，取得了良好效果。我国的草原火灾管理起步较晚，自20世纪50年代末起，我国开始把各类草原火的自然作用及其危害作为研究对象进行研究，并于1987年成立了专门的草原防火机构；"八五"期间农业部把"草原火管理"列入重点项目，进行了启动研究，积累了部分火行为的理论成果，"九五"提出了全国草原防火体系工程建设项目建议书，但是系统的草原火管理理论和技术尚处于起步阶段。1994年以来，中国农业科学院草原研究所采用"3S"、计算机技术及地面资料综合分析技术对内蒙古及其毗邻地区的草原火灾进行了实时监测，并对草原火的起因、特点及其危害等进行了研讨[1]。我国在"九五"期间开展了"卫星遥感草原火险预警、火灾监测和灾情评估系统"研究，开始了利用天基资料进行草原火灾实时研究。在"十五"、"十一五"期间，我国逐步对草原火灾风险管理方面的基本理论和方法进行了探讨。可以看出，我国草原火灾管理从危机管理向风险管理理念的一个转变。

　　草原火灾作为野火的一个重要组成部分，是一个多时空尺度的过程，影响草原火灾的因素不仅有自然因素，而且还有很多社会因素。在不同的时空过程中，这些因素所起的作用是不同的。在学科上涉及领域有生态学、环境学、地理学、物理学等，因此受到各个领域的关注，但是各个学科对草原火灾关注点不同。野火研究的分支较多，如火行为研究、火生态研究、火险研究、火灾灾情评价研究、火灾风险研究、火灾模拟研究等。众多的火灾科学研究者都将森林火灾作为研究的主要对象，而对于草原火灾的研究则相对滞后。草原火只是作为森林火的一部分进行研究。根据目前收集的资料整理归类，关于草原火灾的研究方向和研究进展论述如下。

1.2.1　草原火行为研究进展及评述

　　火行为作为异质燃烧领域的一部分，包含了多项复杂的物理机理，它主要是研究不同尺度的物理化学燃烧过程及燃烧现象与环境之间的相互作用。草原火行为研究是开展草原火灾有关研究的基础。在火生态研究兴起之前已得到充分重视。20 世纪 20 年代以来，北美和非洲等国家和地区开始研究火行为，到 60～70 年代，提出草原火的自然存在性和不可完全排除性的论点[1]。火行为模型是基于热物理、燃烧学和实验理论为一体的火物理模型，能解决不同可燃物状况、大气条件和地形特征等情况下的火蔓延速度、火强度和蔓延方式等问题[5,6]。火强度、火焰高度和火蔓延速度是火行为的 3 个重要指标。草原火行为是指草原可燃物在点燃后所产生的火焰、火蔓延及其发展过程[7]。它通过利用野外实验和室内模拟手段研究了草原火速度、火强度、火烈度、火形态、火烧迹地形状及其与气象因子、可燃物、可燃物特性的关系。初期对草原火行为的研究主要集中于建立自然因素与火行为关系模型，未考虑火扩展的时间和空间特征。在自然界中，可燃物特征（可燃性、承载量、湿度、连续度）是草原火能否引燃及蔓延的重要因素。Wink 和 Wright 认为当细小可燃物 34g/m² 时，草原火即能维持[8]。Mobley 认为细小可燃物在阳光下能否燃烧的湿度阈值是 30%～40%，一般以 30% 为标准[9,10]。火行为在空间上的变化主要受大气条件的变化、地形变化、植被分布和火蔓延方向等因素影响。在遥感技术未兴起之前，火行为的空间扩展研究受到一定的限制，随着卫片、航片和 GIS 的广泛应用，从大的空间尺度上研究草原火行为成为可能。

火行为也是火瞬时的特征和火灾发展过程中（从着火、发展、传播、减弱、熄灭的整个过程）的整体描述指标，包括火强度、火焰高度、火蔓延速度和燃烧温度[11]。火强度是指可燃物燃烧过程中整个火的热量释放速度，是火行为的重要标志之一。动植物的烧死程度及地表的破坏程度都取决于火强度。一般火强度可用火线强度、发热强度和火缘火强表示。火焰高度是火行为中较易观测到的参数，不同高度的火焰对承灾体造成的损失是不同的。一般来讲，平均火焰高度在 3m 以上属于高强度火，是一个灾变阈值。火蔓延速度是指单位时间内火焰移动的距离，火蔓延速度包括线速度、面积速度和周长速度。火蔓延速度可以直接测得，也可以从经验方法和火蔓延数学模型获得。自 1946 年 Fons 首先提出林火蔓延的数学模型以来，国际上有许多国家都提出了各自的火蔓延模型[12]。一般来讲，目前国际上的火蔓延模型可以分为 3 类：物理理论与分析模型、半经验模型（半物理或者实验模型）和经验模型。但是目前草原火传播机理的复杂性使很多实际应用都限制在经验和半经验模型。目前国际上著名的火行为模型主要有美国 Rothermel 模型、澳大利亚 McArthur 模型、王正非模型。Rothermel 模型是基于能量守恒定律的物理机理模型，是半经验模型，它以均匀可燃物为基础，根据林火的热传导方程推导出林火蔓延速度。澳大利亚 McArthur 模型主要通过多次点烧实验建立火行为和影响因素的关系，是一个统计模型。我国学者王正非针对大兴安岭地区的林火特征，根据相关资料进行回归分析得出初始蔓延速度的经验公式[13]。

可燃物是草原火蔓延的重要介质，也是草原火行为研究中的一个重要因子，可燃物的研究始终贯穿于草原火灾研究过程之中。在早期的草原火行为研究中，由于研究手段、研究方法等限制，对可燃物的特征获取主要依靠人工调查。目前虽然人工调查仍然是可燃物特征获取的一个重要手段，但是对于大尺度可燃物特征获取，或者对于未知区域可燃物特征获取，人工调查手段都将花费大量的人力物力。随着光学遥感和微波遥感的发展，利用遥感技术获取可燃物特征显得尤为重要。利用遥感技术对可燃物特征获取，并将结果应用到草原火险和草原火灾风险研究中已经成为植被遥感的热点。

　　草原可燃物分为地下部分、地表部分和空中部分。地下部分主要是腐烂的枯枝落叶、腐殖质层等，地表部分主要是倒伏的干草、未腐烂的枯枝落叶、立枯体，空中部分主要是一些灌木丛。其中地表可燃物特征是影响草原火行为的主要因素。这些影响因素主要有可燃物承载量、可燃物含水率、可燃物连续度、可燃物床厚度等。目前对草原可燃物特征主要是对草原可燃物承载量、可燃物含水率的研究。其中估测可燃物含水率主要有四种方法：遥感估测法、气象要素回归法、基于过程模型的方法、基于时滞和平衡含水率的方法[14]。例如，Verbesselt等利用光学遥感和热遥感的技术方法，得到基于植被指数、地表温度的可燃物的含水率，进而确定野火火风险[15]。García 等通过整合气象信息（地表温度）和遥感信息（归一化植被指数，NDVI），提出了针对草地和灌丛的一个基于遥感图像确定可燃物含水量的经验模型[16,17]。王会研等在时滞和平衡含水率理论的基础上，利用野外可燃物含水率的观测数据和气象数据，直接预测可燃物含水率[18]。

　　火行为的变化与可燃物的特征有着密切的联系。因此，建立不同的可燃物模型来预测火行为是火行为研究的热点问题之一。通过对可燃物建立不同的数学模型，分析不同可燃物及其不同可燃物特征下的野火传播特征。McArthur 对澳大利亚桉树森林的火行为进行了研究[19]；Anderson 建立了全面的森林可燃物模型，将森林可燃物划分为 4 组，分别为草地组、灌木组、木材组和伐木场组，并在相关的可燃物上共建立 13 个火行为模型[20]；Cheney、Weise 等对火蔓延进行了研究[21-23]；Sauvagnargues-Lesage 等分析了地中海灌木火灾[24]，Fernandes 建立了葡萄牙的灌木火灾传播预测模型[25]；Pastor 等总结了 1940 年以来的火行为数学模型，并对这些火行为模型进行了分类[26]；Bilgili 和 Saglam 在土耳其利用25 次灌木丛火灾，结合天气和可燃物条件，分析了野火的强度、火传播、可燃物消耗，并发展了火行为预测模型[27]。在国内，王正非对我国的山火火行为进行了研究[28,29]。舒立福和寇晓军借助 GIS 和卫星遥感技术，以 1987 年大兴安岭"5·6"大火为对策，进行火行为变化规律和火行为的时空格局研究[30]。通过以上分析可以看出，目前的野火火行为研究多注重在野火的蔓延速度方面，并注重可燃物特征以及气象、地形条件对野火蔓延速度的影响。但是目前对草原可燃物的火行为研究主要存在可燃物分类过粗，并缺少孕灾环境因子对草原火灾风险贡献率研究，以及自然条件背景下的起火概率研究。

1.2.2　草原火险研究进展及评述

火险（fire danger）是指火灾发生的危险性，或者称为险情，或者说着火的可能性。火险体现了一个地区火的成熟度，是一个地区火环境综合表现的结果。有关火险的定义有数种，在傅泽强等的研究中，对火险进行了如下的定义：火险反映了林地或草地在所有因子作用下的火成熟状态，即可燃性，它可分为潜在火险和现实火险[31]。前者反映了在不考虑火源的情况下林地或草地的自然火险状态，而后者则表示在高火险状态下加上火源时的火险状态，即火灾[32]。对于野火的研究，火险可以归纳为气象火险和可燃物火险。气象火险主要针对天气、气象条件对火险天气或者火险气象进行研究；可燃物火险主要针对可燃物类型及可燃物湿度进行火险预报研究。初期的火险主要是研究天气、气象条件对火灾的影响，主要是根据每天的主要天气要素，如气温、湿度、风、降水、可燃物含水率和连续干旱情况等，按特定方法计算。将可燃物的易燃性划分为若干等级。随着对火险预报精度要求的提高，目前火险研究逐渐考虑综合要素的影响，其中社会因素（如人口密度、距离居民点的距离、距离道路的远近等）也被作为影响火险的重要因素而考虑其中。

火险等级系统是管理火险的重要工具，其主要目的在于防治重大野火发生。目前有很多植被覆盖面积大的国家都具有自己特有的火险等级系统。现在国际上较为完善的火险等级系统主要有瑞典 Angstrom 火险指数系统、前苏联起火指数（USSR Ignition index）、法国火险等级系统、加拿大森林火险等级系统、美国火险等级系统、澳大利亚（McArthur）森林火险等级系统、澳大利亚（McArthur）草原火险等级系统、南非火险等级系统等[33]。

瑞士火险等级系统是国际上最简单的火险等级系统，准确地说，瑞士火险等级系统是一个火险指数。这个指数主要用相对湿度和空气温度来描述火险的大小。前苏联起火指数和瑞士指数具有相同的基础，也是用到了温度和相对湿度这两个指标，但是这个指数考虑了近期降水对细小可燃物可燃性的影响。前苏联起火指数认为，当有 3mm 降水时，可燃物在一定时间内是不可燃的，该指数也将归零。该指数用蒸发压力亏损和干旱期长度来确定细小可燃物的干旱状态。法国火险指数综合了干旱指数和风速来度量火险等级，它被定义为干旱指数和风速的加和。加拿大森林火险等级（CFFDRS）在 20 世纪 20 年代中期被研制（图 1-1）。这个系统开展了大量的野外火行为观测实验和实验室测试。这个系统包含了大量的植被类型，其中以加拿大短叶松和美国黑松为典型可燃物类型。在这个系统中的火险天气指数综合考虑了每日气温、相对湿度、降水量、风速等气象要素，可以提供着火难易程度、潜在传播可能性、火的相对强度等信息。随着系统的改善，该系统中又加入了人为起火风险和雷暴火险部分，是一个较为完善的体系（图 1-2）。

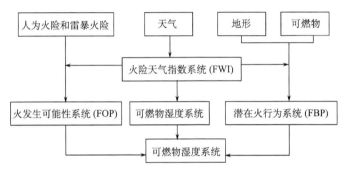

图 1-1 加拿大火险等级系统组成

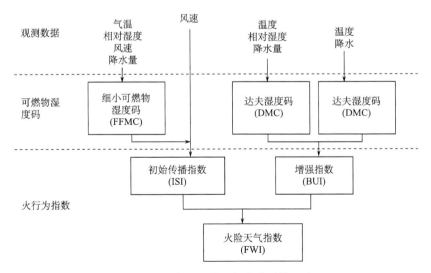

图 1-2 加拿大火险天气指数系统组成

美国火险等级系统主要是基于 Rothermel 的火行为模型（图 1-3）。该模型在美国、南非、欧洲、亚洲和澳大利亚都有测试，由于该系统是基于机理上的火行为模型，因此具有广泛的植被类型和气候条件适用性，但是在对具体一个新的区域进行应用时，需要对模型的参数进行复杂的计算。

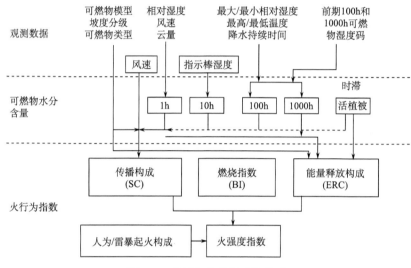

图 1-3 美国火险等级系统构成

加拿大草原火险等级系统和森林等级相似，只是在细小可燃物湿度计算上存在着差别（图 1-4）。在草原火险等级中，引入固化度的概念，即干可燃物占鲜活可燃物的比例。该草原火险等级指数以预测火传播速度为基础。

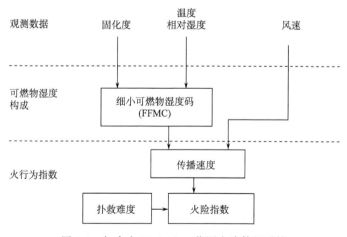

图 1-4 加拿大 McArthur 草原火险等级系统

　　综合考虑以上国际上著名的火险等级系统（表 1-1），通过对比可以发现，这些火险等级系统主要侧重于火灾形成的危险性因素研究，如可燃物、地形、气象要素等，对于人为因素对火险贡献率的研究较少。这些系统虽然可以有效地探测森林草原火灾的动态变化，但对于偏远山区及地形复杂区域预测效果不佳。我国现在还没有一个完善的火险等级预报系统，受国际上火险研究的影响，我国火险研究也多注重火险环境的研究。例如，傅泽强和李兴华等选取了与草原火险相关性较大的降水、温度、湿度等气象因素，建立了气象火险预报模型[31,34]；周伟奇等综合了影响草原火灾发生和发展的条件，如温度、相对湿度、风速、降水量、枯草率、可燃物干重和草原连续度共 7 个基本指标，构造了基于遥感资料的草原火险指数，把内蒙古地区草原火险分为四个等级[35]。我国火险研究对于社会要素的考虑较少，而对于像我国这样的发展中国家来说，人为要素扰动也往往是火险产生的重要因素。

表 1-1　国际上重要火险等级系统对比

系统	美国火险等级系统	加拿大火险天气系统	澳大利亚火险等级系统
输入	温度、相对湿度、风速、云量、降水持续时间、可燃物模型、坡度分级、气候分级	温度、相对湿度、风速、降水总量	温度、相对湿度、风速、降水总量
输出	传播构成、能量释放构成、燃烧指数、起火风险、火强度指数	初始传播指数、增强指数、火险天气指数	火险指数、干旱指数
应用范围	开放的条件	闭合森林条件	平旷地开放条件
模型基础	物理模型	半经验/半物理模型	经验模型

　　通过对野火火险等级研究历程来看，早期的火险研究多注重天气要素的影响。例如，Fosberg、Noble、Van Wagner、Goodrick 等都利用天气条件形成了一个火险天气指数来预测火险[36-39]。随着对火灾科学深入，很多研究者致力于建立一个多要素的综合火险预测系统。例如，Hessburg、Snyder 等从可燃物、气象等影响因素入手，建立火险指数模型，实现火险评价[40-49]。对于目前较为成型的火险系统来讲，由于这些系统中所涉及的火险指数都是一些经验模型，涉及物理机理的模型较少，对区域火险环境的依赖较大，因此，这些模型的应用都受到一定的限制。当这些火险模型从一个区域移植到另一个区域的时候，需要对

这些模型参数进行校正。

近年来，借助高空间分辨率和高时间分辨率遥感技术，火险研究者对火灾可燃物的特征进行遥感监测，并进行火险预测研究。例如，Burgan 等提出基于遥感手段的火险潜在指数（FPI）[50]；Lasaponara 和 Lanorte 利用 ASTER 卫星遥感数据对卡拉布里亚（Calabria）地区的森林可燃物特征进行了遥感分析，利用最大相似分类得到可燃物的类型[51]。随着 GIS 和遥感观测的发展，绿度图被用来定量确定活可燃物的含水率。Schneider 等利用相对绿度计算出了加利福尼亚南部野火潜在指数[52]。Javier Lozano 等利用多时段卫星数据建立了野火发生概率模型[53]。目前，这些研究多集中于森林火灾研究，特别是植被盖度较大的地区。由于基于卫星遥感的火险监测研究多基于植被指数，因此，这些研究对于草原可燃物特别是防火期内可燃物的火险研究具有一定的限制。Paltridge 和 Barber 提出利用遥感监测干旱来监测草原火险[54]。Snyder 等提出了基于生物物理和能量交换的可燃物含水率的监测，得到可燃物干旱指数来评价草原火险大小[41]。在草原火灾发生的危险情况下，有关土地管理的草原火预防和行动的发展是必不可少的，特别是在草地和城镇的交界面上，由于这些区域独特的地理位置，这些区域的火险研究得到很多的关注。例如，Lampin-Maillet 等从通过房屋和植被的空间组织来描述火灾的危险性，将住宅的分布分成孤立的、离散的和集簇的，并将集簇的住宅分布划分成低密度和高密度来表征防火点火密度值变化[55]。

从目前的火险研究趋势来看，火险研究都是向着精确化、快速化预测方向研究。在选取指标上也从简单的气象指标、可燃物指标等向综合指标方向发展。在时间尺度上，火险的潜在性评价的尺度通常在基于长期（静态）和短期（动态）指数，或综合评价系统，包括长期和短期的变量产生潜在的火险环境。静态火灾风险指数是基于在短期内不变化的变量（可燃物多年承载量、社会经济条件的缓慢年变化和假定不变的地形条件）。动态指数主要是在气象因素和植被条件的基础上，给出起点火概率和火灾蔓延能力的信息。由于可燃物结构和含水率条件影响起火和传播，因此，近十年来，基于可燃物含水率度量和估测的方法得到较快发展，静态和动态模型的综合进一步完善了火险模型。

1.2.3　草原火灾灾情评价研究进展及评述

灾情评估是科学开展灾害管理工作的基础。灾情评价根据火灾发生过程主要分为三种：灾前评价、灾中评价、灾后评价[56]。灾前评价实质上是灾情等级预测，通过合理的科学方法，定性或定量地预测和评价草原火灾发生的强度、分布范围，可能造成的人畜伤亡、财物及各种设施损失，对经济社会发展的影响等，比较分析拟采取的各项减灾措施的投效比，从而确定最优减灾方案，其手段主要依靠风险评价、经验预测评价来实现；灾中评价即实时评价，是利用遥感等技术手段在草原火灾发生过程中实时收集各种灾情信息，对火灾造成的损失进行快速的综合评价；灾后评价是指灾害发生后，通过实地调查获取准确的灾害损失资料，根据一定的评价方法或模型确定灾情等级，为制定灾后救济方案、恢复重建计划等提供依据。目前我国草原火灾灾情评价主要采用灾后评价为主。随着遥感技术的不断发展，一些研究者利用遥感技术进行草原火灾监测研究并取得一定成果，但是利用遥感技术进行应急灾情评价还很罕见，更缺少草原实时火灾灾情模拟研究。

灾情评价中的主要问题是指标选择、评价模型、灾情分级。在灾情评价指标中主要使用绝对指标和相对指标两种；评价方法主要模糊评判、线性综合、遗传算法等模型，并根据实际情况确定灾情评价模型。草原火灾灾情评价是指对草原火灾造成的人员伤亡、各种损失和影响进行经济评价和估计。根据灾情评价阶段的不同，草原火灾灾情评价的指标体系和方法存在着很大差异。灾前评价主要是考虑草原区人口、牲畜、基础设施等各类社会财产的易损程度及其分布，评价出不同区域承灾体的脆弱性分布；灾后灾情评价主要利用统计方法对不同区域的过火区域内的损失（如牧草损失、通信设备损失、房屋、畜舍等毁损）进行评价，同时还要对扑救的资金投入进行评价；灾中草原火灾灾情评价是比较困难的，因为此时的草原火灾损失是动态的，这就既要考虑目前的草原火灾损失实时情况，又要根据草原火灾的发展情况预测草原火灾的下一步损失情况。

草原火灾灾情评价中，一个重要的问题就是生态损失评价，目前火灾生态损失评价主要在森林火灾中开展，且主要从经济角度考虑过火面积下森林生态系统产生的经济价值，但是对草原火灾生态损失评价的研究还很罕见。草原对大气成分调节、气候调节、干扰调节、水调节、土壤形成和维持土壤功能、养分获取和循环、废物处理、传粉与传种、基因资源、避难场所、生物控制、原材料生产、饲草和食物生产、游憩和娱乐、文化艺术等多方面具有重要的作用。因此，从以上方面开展草原火灾损失评价对草原管理具有重要意义，也是未来草原火灾研究中的一个重要领域。

1.2.4　草原火灾风险研究进展及评述

"风险"一词来源于意大利语的"RISQUE"，在早期被理解为客观的危险。现代意义上的"风险"一词，已经大大超越了"遇到危险"的狭窄含义，而是"遇到破坏或损失的机会或概率"。风险分析处理的是具有可能性特征的事件。定量风险分析的对象是概率和影响。风险评价起源于 20 世纪 70 年代，尤以美国等发达工业国家在这方面的研究独领风骚。目前，风险评价的科学体系基本形成，并处于不断发展和完善的阶段。

风险研究是一个涉及多领域、多学科交叉的领域，因此，目前学术界对风险的内涵还没有统一的定义，由于对风险的理解和认识程度不同，或对风险的研究角度不同，不同的学者对风险概念有着不同的解释。目前国际上对风险的定义主要有以下 4 种观点：

（1）风险是事件未来可能结果发生的不确定性。

（2）风险是损失发生的不确定性。

（3）风险是指可能发生损失的损害程度的大小。

（4）风险是指损失的大小和发生的可能性。

风险在很多领域都存在，风险的描述词汇也很多，如概率、随机性、不确定性、可能性、期望值等。对于一般领域可以接受的概念，广义上的风险可表达为 $R = f(H, P, L)$，式中，R 为风险，H 为危险，P 为危险发生的概率，L 为危险发生导致的损失。狭义的风险可表达为 $R = f(L)$，即不确定的事件损失的期望值。在进行风险评价的时候，常用某些算子（如加、乘等）对有关的量进行数学关联来比较风险的大小，形成一个定量的表达式，称为风险度或风险率。可靠性风险评价法是风险定量评价方法的一种，它以过去损失资料为依据，运用数学方法建立数学模型来进行评价。其评价的基本步骤是先计算损失率，然后把风险率与安全指标相比较。为了适应不同研究的需要，各领域研究者针对不同的客体提出了不同的风险评价方法如下[57]：

　　Maskrey 的风险度(Risk)＝危险度(Hazard)＋易损度(Vulnerability)

　　Smith 的风险度(Risk)＝概率(Probability)×损失(Loss)

　　Deyle 和 Hurst 的风险度(Risk)＝危险度(Hazard)×结果(Consequence)

　　Tobin 和 Montz 的风险度(Risk)＝概率(Probability)＋易损度(Vulnerability)

　　联合国的风险度(Risk)＝危险度(Hazard)×易损度(Vulnerability)

　　通过这些观点可以看出关于风险术语的定义很多。然而，风险术语的多样化对于我们对方法论的理解不利，同时也不利于模型建立和计算机模拟。所有这些导致在一个地方进行的风险研究比较在另一地方的研究变成不可能或者有争议。因此结果不可能具有可比性，对草原火灾风险管理的改进也没有什么作用。因此，选择合适的草原火灾风险评价方法对草原火灾风险评价起着至关重要的作用。相对于草原火灾的其他部分研究（相对于火行为和火险研究），草原火灾风险评价与风险管理研究的兴起相对比较晚。早期的火灾风险研究主要以影响草原火灾的单一要素进行风险评价，主要以天气和可燃物湿度中某一方面为研究对象，如 Verbesselt 等利用遥感手段获取可燃物的湿度进行野火风险评价，并认为草原地区利用可燃物湿度和地表温度进行火灾风险评价的效果优于灌木地区[58]；Nolasco 和 Viegas 通过利用天气风险指数对西班牙三个地区的野火风险进行评价[59]；Kim 等分析不同可燃物床起火特征，并在此基础上进行森林火风险评价[60]。随着对灾害系统的不断认识，草原火灾风险评价要素也由原来的单要素风险评价变成多要素风险综合评价。同时利用 RS、GIS 技术对可燃物、地形等空间数据的获取并进行风险评价与区划的研究也开始出现，如 Bugalho 等通过对气象和植被因子分析对森林火灾风险进行评价[61]。

　　草原火灾风险评价是在识别风险的基础上对草原火灾风险进行定量分析和描述。由于野火风险系统形成的复杂性，很多线性理论和方法很难对其进行研究，再由于野火样本相对较少，野火风险的定量化一直是野火风险评价的一个难题。利用各种手段进行野火风险定量化已经成为目前研究的热点问题。Finney 认为发展一量化风险评估程序是依赖于火灾概率分布空间表征、火行为分布和价值的变化。虽然这件工作在目前的程序是可能的，但是对于大尺度景观类型上模拟火行为分布和概率还有许多工作尚待完成[62]。Preisler 等利用野火发生频率、重大火灾的条件概率和非条件概率来描述野火风险[63]，Long 和 Randall 设计了居住地野火风险评价方法，对居住地周围的野火风险进行量化[64]，Bachmann 和 Miller 分别设计了基于 GIS 的野火风险模型[65,66]。概率论和非线性理论等一些方法被应用于野火风险评价中，其中以蒙特卡罗法[67,68]、层次分析法、幂次定律分布、大数定律、模糊集理论、遥感、地理信息系统等技术方法应用最为广泛[69,70]，并开展了利用上述方法，获得野火风险指数模型法进行评价野火风险的研究[71-75]，并在研究中开展了城乡交界面处野火风险研究[76,77]。目前将遥感和 GIS 技术结合，实现野火风险评价数据采集实时和自动化，风险评价快速化是现代森林草原火灾风险评价的一大特点。例如，Bugalho 等整合气象和植被信息（NDVI），对葡萄牙森林火灾风险进行了评价[78]；Javier Landsat 等利用多年 Landsat 数据建立了多光谱植被指数，获取了标准差分植被指数、标准差分湿度指数、标准燃烧率等，并将其用来进行野火发生的概率模拟[79]；Verbesselt 等利用 SPOT 的植被的时间序列监测草本可燃物湿度含量来预测萨瓦那生态群落火灾风险[80]；Jaiswal 等利用印度遥感卫星数据和 DEM 数据等生成各个因子图层，并对各个图层的因子进行等级划分，利用 GIS 叠加分析，生成森林火灾风险图，并进行了风险区划[81]。Hernandez 等采用先进的、高分辨率的辐射计的数据（AVHRR）和归一化植被指数作为重要的变量，定义了一个新的风险指数，并生成了经过 NDVI 调整后的一个静态的起火概率图[82]，张正祥等通过选取指标，利用逻辑斯蒂曲线计算了人为草原火灾发生的可能性概率[83]。

野火管理系统是进行野火管理的有效方式，目前的野火管理系统可以分析危机管理系统、应急管理系统和风险管理系统。通过将野火风险整合到火灾管理系统中以达到决策支持的作用是野火风险的重要用途。野火风险管理系统整合了数据管理、数据分析、风险评价、决策支持等重要内容，是目前野火管理研究的热点问题。目前很多研究者开展了森林草原火灾管理系统，Lee、Vakalis、Iliadis、Nute、Fiorucci、Bonazountas、佟志军等[84-92]分别根据实际情况建立了决策支持系统。例如，Lee 研究了信息系统对野火风险管理的支持作用，其中部分研究还突出利用风险评价过程来预测未来火灾风险[86]；Vakalis 利用模糊系统和人工智能方法，通过火行为研究和利用 GIS 技术建立了野火管理系统[87]。近年来随着小样本统计方法的改进，出现了利用历史草原火灾资料进行草原火灾风险分析研究。虽然可以利用小样本历史资料计算草原火灾发生概率、历史重现率、受灾率等来进行草原火灾风险评价，但是由于缺少对草原火灾风险本质的研究，故不能对草原火灾防治提出具体的防范对策。

通过对以上研究总结发现，在已有的草原火灾风险评价中普遍存在的问题仍然是只注重草原火灾危险性研究，而没有考虑草原火灾可能造成的潜在损失程度，即只注重草原火灾危险性方面研究而忽略草原火灾承灾体研究。草原火灾风险是草原火危险性、草原火灾承灾体暴露性、脆弱性、区域防火减灾能力综合作用的结果[93]。Braun 整合了恢复力、脆弱性和危险性来进行野火管理[94]。在气候变化和社会经济发展的背景下，部分学者开展了气候变化和社会发展背景下的火灾风险管理研究。例如，Pitman 等研究了气候变化背景下的草原火灾风险[95,96]。国内外对于草原火灾承灾体暴露性及其脆弱性和区域防灾减灾能力研究甚少，很难称为系统的草原火灾风险分析与评价，多数只能称为草原火灾致灾因子的风险分析，即草原火险分析（grassland fire hazard analysis）。草原火灾风险是草原生态系统中的自然要素和社会要素综合作用的结果，人口密度分布、土地利用类型等都会对草原火灾风险的分布形成影响。仅依靠自然要素得到的草原火灾火险指数虽然可以在一定程度上分析草原火灾发生的可能性，但是对可能发生的草原火灾的严重程度预测是不充分的，因而无法给决策部门提供足够的信息用于草原火灾及时扑救准备工作。虽然目前人文因素对草原火灾造成的影响也逐渐引起草原火灾研究者的重视，但是未能系统地进行实验研究。同时草原生态系统中的稳定因子（如地形等）、半稳定因子（如可燃物特征等）和变化因子（如气象要素等）的不同组合形成了不同的草原火灾风险类型，充分认识这些类型对于草原火灾风险研究具有重要意义。但是目前还没有开展对这些草原火灾风险组合类型划分的实验研究。

近年来随着牧区休牧和休耕措施的实施，导致可燃物的积累量增加，随着人口的增加和经济的增长，发生在城野交界面上的火灾每年都会带来巨大的经济损失。这些都增加了草原火灾风险。同时由于草原与村落之间的相互进退，形成了很多草地与村落的交错带。对城野交界面火灾的产生机理以及评价人类活动在火灾发生过程中所扮演的角色对管理城野交界火灾风险具有重要意义。20 世纪以来，国外一些学者先后开展了针对野火的风险评价研究和城野交界面（wildland-urban interface，WUI）野火风险研究。例如，Evan Mercer 和 Prestemon 利用三种估计生产函数确定了起火事件、火灾聚集程度、火灾强度[97]。本研究将草原火灾风险（grassland disaster fire risk）定义为在草原火的活动（发生发展、强度等）及其对人类生命财产和草原生态系统造成破坏损失（包括经济、人口、牲畜、草场、基础设施等）的可能性。通过对影响草原火灾风险因子的综合分析，实现草原火灾的静态风险评价和动态风险评价。

1.2.5　草原火灾模拟进展及评述

草原火灾蔓延模拟就是如何将草原火灾背景数据（天气、可燃物、地形）、草地资源数据、防火信息数据处理，在计算机软件支持下模拟草原火灾蔓延场景，集成并展示指挥决策所需的草原火灾现场的各种信息。用计算机模拟草原火灾的发展，是直观显示火蔓延过程和扑救决策方案的前提，可以使决策者准确及时地把握草原火灾现场蔓延情况。草原火灾蔓延模型可以为决策者提供气象信息（温度、湿度、风力、风向）、火情发展信息、火场的地形地貌（海拔、坡向、坡度）、草地资源类型及分布、河流水系、交通状况、防火力量、防火设施设备、居民地分布、人口等承灾体信息。

草原火灾蔓延模拟的场景一般是二维或三维。二维场景模拟基本满足了草原火灾防火管理的需求，且运算速度快，但是在地形复杂地区，二维场景模拟存在着较大的误差；三维场景模拟可以体现出地形和火焰在地表起伏变化，能有身临其境的感觉，但是这种模拟往往要求模拟模型复杂，对计算机硬件要求较高。因此，大多的草原火灾蔓延模拟研究都是以二维场景模拟为主，在设计上主要有以火行为计算为主的物理蔓延模型（如 Rothermel 模型）、火场形状计算为主的模型（如基于惠更斯理论的火灾蔓延模型）和离散蔓延模拟模型（如基于元胞自动机和多智能体模型）。

草原火灾穿过一个可燃物床向外传播是依靠草原火由从燃烧的地区向没有完全燃烧的可燃物进行热量传输，从而提高可燃物温度，加快水分蒸发，使它开始燃烧。草原火灾蔓延模拟的一个重要环节就是确定草原火灾的蔓延模型。草原火灾蔓延模型是指在各种简化条件下进行数学方法上的处理，导出火行为参数与各种影响因子之间的定量关系式。根据草原火灾蔓延模型建立的方式，可以分为机理模型、经验模型和半机理半经验模型。机理模型主要以草原火的燃烧实验为基础，建立草原火的传导、辐射、对流过程与可燃物特征、天气条件、地形条件等影响因子的物理模型，经验模型主要通过点火实验获取火行为参数（如火速度、火线强度等）与可燃物特征、天气、地形等影响因子的统计模型。现在很多国家野火研究机构都建立了自己的火蔓延模型，据统计，美国、加拿大、澳大利亚、俄罗斯等国家先后出现了数十个地表火的蔓延模型。

草原火蔓延模拟具有时间和空间特征。由于可燃物在不同时间尺度（如春季和秋季）和空间尺度的火燃烧的物理和化学过程有很大差别，所以草原火蔓延模型的空间化是非常困难的。目前建立的空间模拟模型主要分为基于规则的栅格系统有关的模型和连续平面有关的模型，主要实现野火面积模拟[98]、野火生长模拟和野火蔓延模拟[99-101]，提出了圆形生长、椭圆形生长和半椭圆形生长方式，并借助 GIS 进行二次开发实现野火上述内容的模拟[102-104]。在 20 世纪 60～70 年代，火灾研究者 Rothermel 发展了一个火蔓延计算机模型，用来解释当有风向及地形变化时，火势的蔓延变化。Arca 等利用 FARSITE 软件分别对地中海马基群落和灌木丛地带的野火进行模拟[105,106]。

目前，影响最大的草原火空间蔓延模拟模型主要有元胞自动机模型、粒子模拟模型和椭圆波蔓延模型。元胞自动机（cellular automaton，CA）是离散动态系统概念和应用建模的一种方法，最早由 John Von Neumann 在 20 世纪 40 年代提出。其原理是将复杂的自然现象或物理系统在时间方面分成几个独立的时间步长，在空间方面，将每个时间步长上的连续空间分割为规则的格网。每个格网的状态由前一时间步长与此网格相邻的网格状态所决定，网格状态通常由一定的状态方程（局部规则）计算所得。由于元胞自动机模型的规则简单、演化形式多样等优点被很多学者应用到火灾空间模拟上。例如，Karafyllidis 和 Thanailakis[107]结合气候条件和地形因子，利用 Moor 型元胞自动机模型首次对恒定和非恒定条件下的森林火蔓延情况进行模拟，模型模拟的结果达到预期的效果。Alexandridis 等利用 Moor 型元胞自动机，结合植被类型、植被密度、风速、风向数据对森林火灾空间扩散进行了模拟，通过与实际火场情况比较发现两者符合程度较高[108]。

　　Encinas 等[109]使用正六边形元胞机对 Karafyllidis 模型进行了改进，模拟恒定和非恒定条件下的森林火蔓延。Berjak 和 Hearne 利用 Rothermel 火传播模型和 CA 模型对空间多相的萨瓦那群落进行火模拟研究[110]。在过去的十几年中，GIS 与环境模型的集成已得到了广泛的研究。CA 模型的动态分析能力和 GIS 的空间分析和数据处理能力的有机结合使得两者的研究更加广泛，如 Yassemi 等[111]集成 GIS 和元胞自动机模型，建立灵活的、对用户友好的最终用户界面的火行为模型，从而实现基于 GIS 界面的火蔓延的动态仿真。

　　草原火的传播是指可燃物在火的温度下通过热量传递从燃烧区向没有完全燃烧的转移。这种传热主要由辐射和对流完成，风速在这个过程中扮演一个重要的角色，辐射对流换热在很大程度上取决于周围的风，通过考虑不同的传热模拟和热平衡模式，从热动力学角度研究草原火有重要意义。Philip Cunningham 以基于物理机理火的模型为基础，利用三维耦合大气-火模型进行草原火的数值模拟，模拟结果和野外实验结果一致[112]。但是由于在野外复杂条件下，许多热传机理同时起作用，所以为了达到预报的蔓延速度与实测的一致，模型中的许多参数需要通过实验调整。目前的基于物理机理的火蔓延模型并未获得普遍的应用。

　　不同于 CA 模型的网格结构，另一种草原火蔓延模型是运行在一个连续平面上，模型通过对火的周边定义为随时间以某种形式变化的曲线，从而对火的蔓延情况进行跟踪。其中一种重要的模型就是基于惠更斯原理的椭圆波传播模拟。惠更斯原理在火灾蔓延中的应用主要是用一系列随时间变化的连续扩展的多边形来表示过火的蔓延区域，认为火边界的每一个顶点是相互独立的，以椭圆形状向前蔓延。椭圆的形状和方向由风速矢量和坡度矢量叠加决定，椭圆的大小由蔓延速度以及时间步长来决定。最后，计算椭圆形上的每个节点在下一时间的节点位置求出过火面积。1982 年 Anderson 首次在火蔓延研究中提出了惠更斯原理进行火蔓延模拟的思想，并建立了火蔓延模型[113]。Richards[114]利用惠更斯原理建立了复杂条件下的火蔓延模型。Finney[98]利用惠更斯原理实现了林火蔓延计算，并构建了相关的火模拟软件。

　　我国对于火蔓延模型的研究开展较晚，且早期的火蔓延模型以统计模型为主。例如，1983 年王正非在研究山火初始蔓延速度测算法时提出了一个林火蔓延模型，毛贤敏[115]结合加拿大 Lawson 提出的蔓延因子模型对王正非蔓延模型进行修正，提出了王正飞-毛贤敏模型。该模型修正了在地形因子（坡度变化）上林火蔓延存在的问题，是我国目前比较实用、易实现的林火蔓延模型。此后国内学者在此基础上对林火蔓延进行了大量研究。例如，唐晓燕等[116]基于栅格结构使用王正非-毛贤敏模型对云南省玉溪市林区的林火蔓延进行模拟研究；宋丽艳等[117]和毛学刚等[118]利用地理信息系统（GIS）软件建立林火蔓延模拟的空间背景并生成相应数据，运用王正非和毛贤敏的林火蔓延组合模型且综合考虑火场地形、气象及可燃物类型等因子，采用点到点的传播方式，用 Visual Basic 6.0 开发软件，最终实现林火蔓延的动态模拟；温广玉和刘勇[119]以王正非-毛贤敏模型为基础提出了林火蔓延的数学模型-抛物线-半圆形模型。

在国内的火蔓延模拟研究中，也运用 CA 模型和椭圆波理论等方法对火蔓延情况进行了研究。例如，王长缨等[120]实现了基于规则学习的二维林火蔓延元胞自动机模型；黄华国和张晓丽[121]实现了基于元胞自动机模型的三维曲面对林火蔓延的模拟。王惠等[122]利用惠更斯原理和国际上成熟的林火行为模型，建立了适合云南省特殊地形的林火蔓延动态模型。

在草原火灾研究领域除了上述研究内容外，对草原火灾相关属性的实时监测研究主要有可燃物特征监测（主要有可燃物承载量、可燃物盖度、可燃物湿度）、火点判别、过火面积监测等[123-127]。

综合上述研究进展，可以看出我国对草原火灾研究还有很多不足。首先我国多数的野火研究都是针对森林火灾，草原火灾研究还很薄弱，尤其是草原火灾风险研究方面。目前草原火灾研究只注重草原火灾危险性研究，忽略了草原火灾承灾体本身的属性，以及社会防火救灾能力等，而这些恰是草原火灾风险中很重要的研究内容。草原火具有蔓延速度快等不同于森林火灾的蔓延特征，因此用已有的森林火灾蔓延模型具有一定的局限性，同时由于气候条件的不同，模型模拟精度有待进一步验证。

1.3 草原火灾风险评价的系统理论分析研究

草原火灾风险系统是受天气、地形、可燃物、人类活动等众多条件的约束和众多因素影响的复杂的巨系统。对于复杂的系统，一般很难应用常规的推理方法来建立完整的模型。根据自然灾害风险理论的观点，草原火灾风险系统包括草原火灾发生的危险性、草原承灾体的暴露性、脆弱性和区域防火减灾能力 4 个子系统。每个子系统又各具有自己的次级子系统，它们通过能量转移和信息传递等方式相互耦合在一起，形成一个驱动、反馈、发展、变化的动力系统。由于草原火灾风险结构上的多层次性、随机性和动态性，令草原火灾风险系统具有复杂性和非线性。事实证明，利用传统的草原火灾管理方法对草原火灾进行管理和调控已经不能满足当前的需求。只有借助现代非线性预测理论、优化方法、综合评价及模拟方法才能对草原火灾风险的不确定性和复杂性进行描述和量化。本章在辨析草原火、草原火灾、草原火险和草原火灾风险等概念的基础上，从系统论的观点出发，对草原火灾风险系统的复杂性进行分析。

1.3.1　草原火灾相关的概念分析

在草原火灾研究中存在着草原火（grassland fire）、草原火灾（grassland fire disaster）、草原火险（grassland fire hazard）与草原火灾风险（grassland fire disaster risk）四个常见术语。目前，学术界对于这四个词语的表达理解尚有一定差异，经常混为一起使用，给学术界的交流、科学研究和草原火灾管理带来一些不便。因此，张继权等[128]对上述四个术语进行了界定，这对于合理的减灾决策具有重要的作用。

草原火（grassland fire）是草原可燃物的燃烧现象，指的是草原中可燃物，在一定温度条件下与氧气快速结合，氧化并放光发热的化学反应。根据燃烧理论，草原燃烧是自然界中燃烧的一种现象，它是火源条件、可燃物类型和火环境三个因素综合作用的结果，因此草原火灾首先具有自然属性。但是当草原火失去人们的控制，经常烧毁草原，破坏草原生态系统平衡，危及人类的生命财产，其对人类和草原的影响是有害的，即称为草原火灾，这就是草原火的另一属性，即社会属性。草原火有利有弊，若在人为控制下，有目的、有计划地安全用火，火就能在规定的时间、地点和划定的区域范围内燃烧蔓延，可以产生烧死害虫，提前草地的返青时间等有利条件，通常称为草原计划火烧，就是利用火利。这种草原火可以给人类和草原带来有益的影响。草原防火和火灾管理就是要注意发挥草原火的有益作用，控制草原火的有害影响，就是防范火害，利用火利，从防灾减灾角度而言即为趋利避害。

草原火灾（grassland fire disaster）是指草原火产生的有害影响，是由于草原火在失去人为控制的情况下，烧毁大面积的草原，危害草原畜牧业，危及草原区居民的生命财产，对草原区社会人口、经济建设和草原生态环境产生破坏性作用的一种灾害。

草原火险（grassland fire hazard or danger）即草原火的危险性，可理解为草原可燃物在某一地区、某一时段内着火的危险程度，或者说着火的可能性。它直接左右草原火的发生、蔓延，对草原火控制的难易程度以及草原火可能造成的损失。从上述的定义中可以看出，火险是对影响火灾孕育（孕灾环境）发生的所有因子（致灾因子）的综合评价，反映了这些因子的变化对草原火灾发生发展的可能影响，同时也反映了草原在所有因子作用下的火成熟状态，即可燃性，它可分为潜在火险和现实火险。

草原火灾风险（grassland fire disaster risk）是指在失去人们的控制时草原火的活动（发生、发展）及其对人类生命财产和草原生态系统造成破坏损失（包括经济、人口、牲畜、草场、基础设施等）的可能性，而不是草原火灾损失本身。当这种由于火灾导致的损害的可能性变为现实，即为草原火灾（grassland fire disaster）。根据目前比较公认的自然灾害风险形成机理和构成要素，草原火灾风险主要取决于四个因素：草原火灾的危险性、草原火灾的暴露性（承灾体）、承灾体的脆弱性（易损性）和防火减灾能力（火灾管理水平）。

综上所述，草原火、草原火灾、草原火险和草原火灾风险在定义上具有明显的区别，只有在明确以上定义的基础上，才能实施草原火灾管理。

1.3.2　草原火灾风险评价的理论基础

自然灾害是指自然环境中对人类生命安全和财产构成危害的自然变异和极端事件。地球上的自然变异包括人类活动诱发的自然变异，自然灾害孕育于由大气圈、岩石圈、水圈、生物圈共同组成的地球表面环境中，无时无地不在发生，当这种变异给人类社会带来危害时，即构成自然灾害。自然灾害是人与自然矛盾的一种表现形式，具有自然和社会两重属性。自然灾害风险指未来若干年内可能达到的灾害程度及其发生的可能性。一般而言，自然灾害风险是致灾因子的危险性、承灾体的暴露性和脆弱性相互综合作用的结果，社会因素中区域防灾减灾能力也是影响自然灾害风险形成的重要因素，因此在区域自然灾害风险形成过程中，危险性(H)、暴露性(E)、脆弱性(V)和防灾减灾能力(R)是缺一不可的，是四者综合作用的结果。基于以上认识，可以得出自然灾害风险指数（NDRI）的表达式为

$$NDRI = H \cap E \cap V \cap 1/R$$

自然灾害危险性(H)是指造成灾害的自然变异的程度，主要是由灾变活动规模（强度）和活动频次（概率）决定的。一般灾变强度越大，频次越高，灾害所造成的破坏损失越严重，灾害的风险也越大。

暴露或承灾体(E)是指可能受到危险因素威胁的所有人和财产，如人员、牲畜、房屋、农作物、生命线等。一个地区暴露于各种危险因素的人和财产越多即受灾财产价值密度越高，可能遭受潜在损失就越大，灾害风险越大。

承灾体的脆弱性或易损性(V)是指在给定危险地区存在的所有财产由于潜在的危险因素而造成的伤害或损失程度，其综合反映了自然灾害的损失程度。一般承灾体的脆弱性或易损性越底，灾害损失越小，灾害风险也越小，反之亦然。承灾体的脆弱性或易损性的大小，既与其物质成分、结构有关，也与防灾力度有关。

防灾减灾能力(R)表示受灾区在长期和短期内能够从灾害中恢复的程度，包括应急管理能力、减灾投入资源准备等。防灾减灾能力越高，可能遭受潜在损失就越小，灾害风险越小。

草原火灾作为自然灾害中的一个重要部分，草原火灾风险的形成也受这些因素的影响，但是草原火灾风险组成中每个要素的内涵和外延以及每个要素之间的相互作用关系是草原火灾区别于其他灾害的重要特征，也是本研究的重点内容。

1.3.3　草原火灾风险系统的复杂性分析

草原火灾风险系统具有高度的复杂性，这主要由以下几个方面决定。

1. 系统结构的高维性

草原火灾风险系统由草原火灾危险性、草原火灾承灾体暴露性、脆弱性和区

域防火减灾能力四个子系统决定，每个子系统又各具各自的次级子系统。这些分支系统之间作用关系复杂。

2. 系统组成成分多元性

影响草原火灾风险的因素涉及气象气候、植被可燃物、地形地貌、人类活动等，草原火灾风险系统的组成成分复杂。

3. 系统组成之间的关联性

草原火灾风险组成因素之间相互关联，草原区气象条件、地形条件等影响可燃物特征，气象条件、地形条件影响人类活动，可燃物特征和人类活动等又影响草原火灾风险。这些子系统通过能量转换和信息传递等方式互相耦合在一起，形成了驱动、反馈、发展、变化的动力学系统。

4. 系统的非线性

地球表层各圈层就是一个开放的、非平衡的、非线性的复杂系统。自然界中存在的事物大量是非线性的，非线性的存在注定了草原火灾风险系统的复杂性。草原火灾的发生发展从本质上讲是非线性动力学过程。早期的草原火灾预测主要以线性预测为主，这些线性预测只是对草原火灾研究的一种简化，非线性科学方法和理论的发展给草原火灾预测的研究注入了新的活力，崭新的思维方法和理念将会为草原火灾的研究和预报找到新的突破点。草原火灾的预测经历了经验预测、数理统计、基于统计的数学分析（如相关分析）等过程。然而随着这些方法在草原火灾预报中的实际应用，往往暴露出许多不足，甚至得出错误的结论。选择合适的非线性方法进行草原火灾预测研究，对于提高草原火灾预测精度具有重要意义。

5. 系统的不确定性

草原火灾风险系统的不确定性包括随机性和模糊性。首先，草原火灾的发生具有随机性，包括时间分布上的随机性和空间分布上的随机性两个方面。其次，由于草原火灾风险不仅涉及自然因素的影响，还受到人为因素的干扰，其成因难以预测，草原火灾风险产生的影响也难于判断和衡量，具有模糊性。

1.4　本书的内容与框架

本研究针对我国多要素草原火灾风险评价理论、评价方法等草原火灾基础科学研究的薄弱环节，通过相关内容的研究，以提高我国草原火灾风险管理能力为目标。主要实现以下方面的目标：

（1）从草原火灾风险形成的基本因子入手，通过室内外模拟实验，揭示草原火灾风险孕育环境中关键要素在草原火灾风险形成中的作用。

（2）通过不同草原火环境下草原火行为的研究，借助元胞自动机（CA）模型，实现草原火灾蔓延动态模拟。

（3）利用自然灾害风险评价理论，从人文因素和自然因素两个方面选取指标建立草原火灾风险评价模型，并对我国北方草原火灾进行风险等级划分和区划。

（4）从影响草原火灾动态风险的天气条件、人为活动、可燃物特征角度出发，借助蒙特卡罗模拟，实现草原火灾动态风险评价。

（5）提出基于草原火灾风险评价—草原火灾蔓延模拟—草原火灾救助的草原火灾风险管理模式。

1.4.1　主要研究内容

为了达成以上目标，本研究根据草原火灾风险管理相关方面设定研究内容，以草原火行为—静态风险评价—动态风险评价—火灾蔓延模拟—火灾风险管理为研究路线。在研究中开展了大尺度静态风险评价、中尺度动态风险评价和小尺度草原火灾模拟分析，根据本研究所开展的研究内容，以东北师范大学松嫩草地生态研究站（长岭站）、内蒙古锡林郭勒盟和我国北方12省为研究区，选取典型草原为研究对象。通过开展室内外的草原火灾模拟实验，开展草原火行为模拟、草原火灾计算机的动态模拟研究和基于草地类型的草原火灾风险动态评价研究。在此基础之上，通过草原火灾历史案例，提出草原火灾风险评价在风险管理中的具体应用过程。主要研究内容如下。

（1）草原火行为模拟研究。

借助东北师范大学长岭实验站，利用室内、室外点火实验手段，主要开展内容：草原可燃物的可燃性分类；通过营造不同火环境，分析不同火环境下的草原起火概率，并分析不同火环境下的草原火强度模拟。通过筛选国内外经典火蔓延模型，选择适合我国的草原火蔓延模型，并对模型进行参数确定。

（2）基于草地类型的草原火灾风险评价。

利用自然灾害风险评价理论，以草地类型为研究单元，确定草原火灾风险评价技术指标和方法，实现基于草地类型的草原火灾静态风险评价。借助 MODIS 遥感资料，开展基于 NDVI 指数的草原干草量反演；并通过 NDVI 指数和室外实地判别，确定草原可燃物连续度计算方法；从草原火灾发生的自然和社会孕育环境出发选取指标，建立草原火灾动态风险评价模型。

（3）草原火灾动态模拟研究。

目前在草原火灾动态模拟中主要有两种：连续性模型和离散性模型。由于连续性模型对计算机硬件要求较高，且运行速度较慢，本研究为了提高草原火灾动态模拟的速度，利用元胞自动机理论，以 matlab 和 ArcGIS 为软件平台，充分利用两者的优点，相互结合，实现对草原火灾进行数值模拟和可视化分析。

为了对上述研究内容进行阐述，全书共分 8 章。

第 1 章介绍了研究目的和意义，指出草原火灾国内外研究前沿和热点问题，分析国内外相关研究进展，对未来趋势作了评述，进而提出本书的主要内容和章节。

第 2 章揭示草原可燃物空间分布与演化是草原火灾风险分析的基础。本章利用遥感数据，对我国 10 年来草原地区植被生长情况进行分析，进而分析出空间可燃物的空间分析和演化特征。

第 3 章对我国北方草原火灾的总体情况进行分析。本章首先对我国北方草原火灾发生的诱因进行了分析，把握草原火灾总体态势，为草原火灾风险辨识提供基础。通过对草原火灾历史案例分析，利用信息扩散理论得到我国北方草原在不同草原火灾次数的发生概率。利用信息扩散和信息矩阵得到草原火灾发生次数与草原火灾损失之间的一个模糊关系，该模糊关系可为灾后救助提供依据。

第 4 章主要针对我国北方草原火行为特征研究。草原火行为研究是草原火灾风险研究和草原火灾动态蔓延的基础。本研究以东北师范大学长岭生态实验站为基地，以室内外实验为基础，开展草原火行为实验研究。本研究通过对天气条件、可燃物特征和综合条件下的草原火行为研究，得到不同天气条件下的草原火灾发生概率，并计算了草原火强度和不同天气条件、地形条件和可燃物特征条件下的草原火蔓延速度，为草原火灾蔓延模拟、草原火灾风险评价提供基础。

第 5 章为草原火灾动态模拟研究。草原火灾动态蔓延模拟是草原风险评价提供了应用基础。本研究以草原火行为研究中的草原火灾蔓延模型为基础，利用元胞自动机理论，对草原火灾的蔓延情况进行模拟，并以锡林郭勒盟 2005 年 10 月 16 日特大草原火灾为例进行模拟研究。

第 6 章为草原火灾风险评估技术研究。草原火灾风险评价分为静态风险评价和动态风险评价。草原火灾静态风险评价是以我国北方草原为研究区，依据自然灾害风险评价理论，充分考虑草原火灾的自然属性和社会属性，从草原火灾危险性、草原火灾承灾体暴露性、脆弱性和区域防灾减灾能力出发，对我国北方草原火灾风险进行评价。本研究以草地类型为对象，以 1km×1km 栅格为研究尺度，利用综合分析、层次分析等方法，借助 GIS 软件平台，对我国草原北方草原火灾的危险性、暴露性、脆弱性和防灾减灾能力进行了评价，研究最终形成了我国北方草原火灾风险评价模型，并对北方草原火灾风险进行了等级划分，将我国北方草原火灾风险利用标准差分级法分为低、中低、中、高和极高五个风险等级，利用 2000～2006 年我国北方草原火灾起火火点验证分析和蒙特卡罗模拟法验证，证明本模型的可靠性。

草原火灾动态风险评价研究是以内蒙古自治区锡林郭勒盟为研究区。在考虑到我国北方草原火灾中人为因素影响较大，因此引入人为危险因子。本研究通过对历史草原火灾案例分析，选取了距离居民点距离和距离道路距离两个因子来表达人为因素对草原火灾风险的影响。本研究维度上从区域和时间两个尺度对草原火灾风险进行考虑，选取了影响草原火灾动态风险最大的人为因子和气象因子来表达草原火灾起火可能性大小。通过对草原火灾起火可能性、草原火强度、草原财产和生命暴露性综合反映草原火灾动态风险的大小。本研究通过蒙特卡罗模拟验证，结果符合实际，该模型可以用来实现实时草原火灾预测。

第 7 章为草原火灾风险评估技术应用研究。草原火灾动态蔓延模拟、草原火灾静态风险和草原火灾动态风险是草原火灾风险管理中的重要组成部分。本章提出了基于草原火灾静态风险和动态风险耦合的方式来预测草原火灾，并提出了基于情景模拟的从草原火灾风险到草原火灾蔓延动态模拟整合方式。

第 8 章总结了本研究的一些重要结论，并对本研究下一步攻关方向和本研究的成果应用提出设想。

1.4.2 本研究中存在的关键问题

1. 利用室外点火实验和室内模拟实验获取关键参数

1）野外实验方案

蔓延模拟实验：选取实验区典型草原类型为研究对象设立样地（12m×10m），利用 GPS 获取实验点的经纬度和高程；样地内每隔 2m 设置相同高度的标杆，测量距离和高度；根据可燃物量与风速设置防火道（1～3m），实验时间选为春季（3～4 月）和秋季（9～10 月）。点火前利用十五要素数字高精度自动气象站获取气象数据（大气温度、湿度、风向、风速）；在样地中目测可燃物的连续度，选取 1m×1m 样方，测定可燃物的湿度、厚度，采用收获法采集可燃物的承载量；利用土壤湿度仪获取土壤湿度数据；利用管测仪器测量地面温度；记录燃烧过程（火头火焰高度、火焰温度、火线长度、火蔓延速度、火场的形状、大小、周长等），并对燃烧过程进行照相。

需要测定的研究内容：火高、火长、初始蔓延速度等与天气条件的关系、无风时草原火蔓延速度、天气条件与可燃物含水率之间的关系、有风时草原火向各个方向的传播速度等。

点火测试实验：利用可燃物燃点测试仪测定不同水分条件下的可燃物起火温度。

2）室内实验方案

野外环境模拟实验：通过对典型野外可燃物取样（主要有羊草、虎尾草、牛鞭草、全叶马兰），在室内条件下通过对温度、湿度、通风条件等方面的时间和强度的控制等营造野外草原火灾条件。设置 60cm×120cm 燃烧台，其上覆盖土壤，采用插草与铺草相结合的方法研究可燃物空间配置，可燃物量以 50g/m² 为梯度进行设置。燃烧台角度可调节为 5°、10°、20°、30°、40°、50°，可燃物的湿度统一利用浸泡晾干控制。观测内容：记录不同实验条件下，不同点火方式点燃可燃物需要的时间；点燃后火头火焰高度、火焰温度、火蔓延速度。每种类型的可燃物重复 3 次。以上实验主要用于草原火在地形影响下的传播速度测定、天气条件和可燃物湿度等对草原火初始速度的影响等。

火强度测试实验：采用收割法采集草样，将草样晾干粉碎，利用测热值仪器测试燃烧热值；在室内燃烧台上布置热电偶测火焰的内部温度，利用红外线测温仪测定火焰温度，用来不同火环境下的草原火强度。

可燃物湿度测试实验：获取典型可燃物的平衡含水率、时滞，确定可燃物与背景数据的反演方程。

2. 基于元胞自动机模型的草原火灾蔓延模拟研究

草原火灾是一个复杂的系统。影响草原火灾蔓延的因素众多，需要通过相关分析，得到影响草原火灾蔓延的主要因子，建立草原火灾蔓延速度的数理模型。利用 ArcGIS 软件将研究区划分成规则的网格，建立网格与网格之间的相互关系，通过一定的学习规则，实现草原火灾蔓延的实时模拟。

3. 草原火灾风险评价关键要素之间耦合关系与模型研究

草原火灾风险系统影响因素多且相互作用关系复杂。通过相关分析，选取评价草原火灾风险的关键因素并建立这些影响因素之间耦合模型。

4. 草原火灾动态风险概率模型研究

人为因素是影响草原火灾动态风险的一个重要因素。通过对道路和居民点这两个人为因素的分析，建立草原火灾人为致险模型，并将人为因素和自然因素（主要是天气因素）联合考虑，利用蒙特卡罗方法得到草原火灾动态风险概率模型。

1.4.3　技术路线

选取我国北方典型草原为研究背景区进行风险评价，以锡林郭勒盟草原区和东北师范大学长岭生态实验站为平台，开展草原火行为和动态草原火灾风险评价研究。本项目采用传统地理学研究方法与现代先进的地学技术相结合，理论建模和实验研究相结合，进行自然地理学、灾害科学、草地科学相融合的多学科综合研究。研究流程和技术路线如图 1-5 所示，其中草原火灾风险评价框架如图 1-6 所示，草原火灾动态模拟框架和实现方案如图 1-7 和图 1-8 所示。

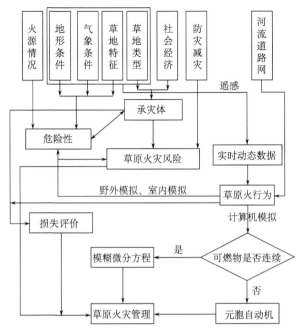

图 1-5 研究流程和技术路线

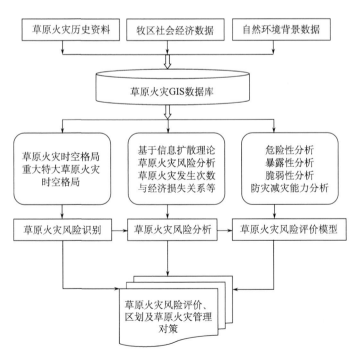

图 1-6 草原火灾风险评价框架图

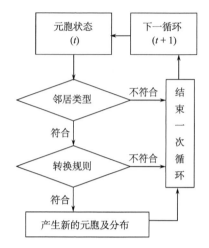

图 1-7　草原火灾元胞自动机模拟框架

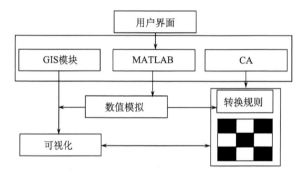

图 1-8　GIS 与 CA 集成框架

第2章　我国北方草原地表可燃物时空演变

草原生物量是表征草原生产力的重要指标。我国草原面积地域辽阔，拥有极为丰富的草地资源，草地面积是耕地的 4 倍、林地的 3 倍，在畜牧业生产、生物多样性维持、水土保持等方面有着重大的作用。我国草原南北跨热带、亚热带、暖温带、中温带和寒温带 5 个气候热量带，东西横跨经度 61°，各地气候复杂、地形及海拔差别较大，加之人为社会因素复杂多样，形成了草原类型的多样化。依据水热大气候带特征、植被特征和经济利用特性，我国天然草原划分为 18 个类、53 个组、824 个草原型。我国草原被划分的 18 个基本草地类型为：①温性草甸草原；②温性草原；③温性荒漠草原；④高寒草甸草原；⑤高寒草原；⑥高寒荒漠草原；⑦温性草原化荒漠；⑧温性荒漠；⑨高寒荒漠；⑩暖性草丛；⑪暖性灌草丛；⑫热性草丛；⑬热性灌草丛；⑭干热稀树灌草丛；⑮低地草甸；⑯山地草甸；⑰高寒草甸；⑱沼泽。在我国 18 类草原中，高寒草甸类面积最大，为 6372 万 hm²，占我国草原面积的 17.3%，主要分布在青藏高原地区及新疆。温性荒漠类 4506 万 hm²、高寒草原类 4162 万 hm²、温性草原类 4110 万 hm²，这三类草原各占全国草原面积的 10% 左右，分别居二、三、四位，主要分布在我国北方和西部地区。面积较小的 5 类草原分别是高寒草甸草原类、高寒荒漠类、暖性草丛类、干热稀树灌草丛类和沼泽类草原，面积均不超过全国草原面积的 2%。其余各类草原面积分别占全国草原面积的 2%～7%（数据来自 2014 年草原监测报告）。我国北方地区主要拥有草甸草原、典型草原、荒漠草原和高寒草原四类。

不同类型的草原，生物量富集和累积过程存在较大差异，因此地面可燃物累积和腐殖质化阶段也存在差异。地表可燃物量的多少是影响草原火灾的重要因素。国内外研究表明，地表可燃物量的大小直接影响草原起火概率及火灾灾情。因此，研究地表可燃物的时空分布对研究草原火灾具有重要意义。由于我国北方草原面积广阔，如果利用常规的可燃物调查方法，费时费力且效果较差，因此，本研究利用植被指数来分析大尺度空间上我国北方草原地表可燃物的时空演变。

植被指数是表征地表植被特征的重要参量，携带了地表植被类型、植被结构和功能等重要信息。植被指数作为反映地表植被信息的重要信息源之一，已被广泛用于定性和定量评价植被覆盖及其生长活力等方面。目前众多的遥感卫星都可以提供全球植被指数产品，如美国国家航空航天局（NASA）提供的 MODIS 植被指数产品，包含了 NDVI、VCI 等植被指数；美国 NOAA／AVHRR 气象遥感卫星提供的 AVHRR／NDVI 植被指数产品；以及法国 SPOT 卫星提供的 GIMMS／NDVI 植被指数产品。这些植被指数获取方便，数据质量高，因而在全球植被遥感领域得到广泛应用，已经成为大尺度植被遥感的重要基础数据。

2.1　我国北方草原基础地理概况

2.1.1　地理位置与行政区划

我国北方草原位于欧亚草原带的最东端，是欧亚草原重要组成部分，广泛分布于东北的西部、内蒙古、西北荒漠地区的山地和青藏高原一带，处在 $30°N\sim$ $53°33'N$ 和 $73°33'E\sim135°05'E$ 范围之间，蜿蜒万里，十分广阔。从行政区来看，我国北方草原主要分布在内蒙古、吉林、黑龙江、辽宁、新疆、宁夏、青海、四川、陕西、山西、河北、甘肃 12 个省、自治区，总土地面积 416 万 km^2，占国土总面积的 43.3%。（图 2-1）。

我国天然草原总面积 3.93 亿 hm^2，仅次于澳大利亚，居世界第二位，约占国土总面积的 41.7%（2014 年中国统计年鉴数据），其中可利用草原面积为 3.31 亿 hm^2，占草原总面积的 84.3%。我国北方草原（北方 12 省区）面积 2.45 亿 hm^2，占全国草原总面积的 62.35%。中国草原资源总量大，但人均占有量少，人均占有草原为 $0.33hm^2$，仅为世界平均水平的一半。且国内各省区分布不均衡（图 2-2），在我国北方 12 省区中，青海省人均占有草地最多，达到 $6.91hm^2$；再次是新疆和内蒙古自治区，人均占有草地分别为 $2.93hm^2$ 和 $2.84hm^2$；其他各省区人均占有草原在 $0.5hm^2$ 以下。

除部分林下草原外，我国大部分草原处于深居内陆，高山峻岭，远离海洋，气候干旱且多风沙。根据自然地理及行政区划，中国草原可划分为 5 个大区，即东北草原区、蒙宁甘草原区、新疆草原区、青藏草原区和南方草山草坡区。

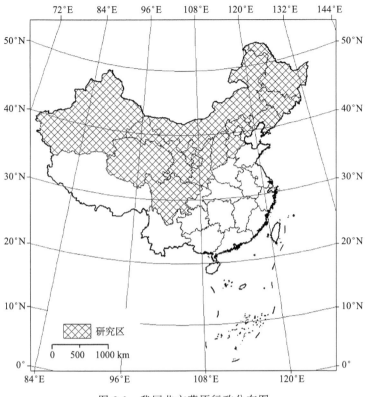

图 2-1　我国北方草原行政分布图

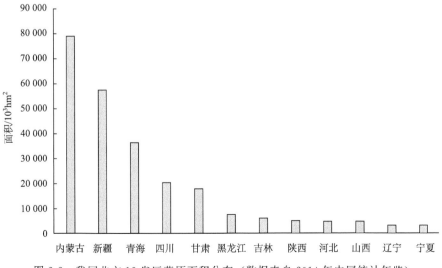

图 2-2　我国北方 12 省区草原面积分布（数据来自 2014 年中国统计年鉴）

2.1.2　自然地理环境

草原气候是半干旱至干旱的大陆性气候特征的气候，为荒漠气候与森林气候之间的过渡类型。距离荒漠区近的干草原（或低草草原）区日温差变化大，降水少，植被（草本）也稀疏、矮小。离森林区近的湿草原区（或高草草原）日温差变化较小，降水较多，植被（草本）稠密、高大。草原区的总体气候特征是降雨量偏少，以夏季阵性降雨为主，气候干燥，高大的树木无法生长。草原地区冬季寒冷而漫长，夏季短促，气温不很高。但全年的日照时间较长，拥有较好的热量条件，适于牧草的生长。由于草原区全年降水量分配不均匀，冬季和春季常发生干旱现象，这对春天播种和牧草的萌芽、生长均有不利影响。到了夏季，雨量集中，日照充分，植物生长所必需的水分和热量条件可同时得到满足，因而盛夏七八月份是草原的黄金季节，草原植被覆盖度达到最大值。冬季草原区常出现低温、大风和降雪天气，常造成风雪灾害，尤其是对牧畜的安全越冬影响很大。

不同草原地区的气候有其地理性特征。以温带草原为例，我国温带草原面积较大，主要分布在松辽平原、内蒙古高原和黄土高原。该区经向地带性明显，以草原气候为主，以典型草原为主体，从东北到西南形成草甸草原→典型草原→荒漠草原过渡的特点。气候温和，降水偏少，平均在 400mm 以下，多数地方是 200～300mm，主要集中在夏季，6～9 月降水量占全年的 70%～75%。该区年平均温度－2～6℃，春季气温回升快，风速大，常形成干旱。夏季各月平均温度都在 20℃以上，而冬季各月平均温度都在－5℃以下，年较差都在 30℃以上。≥10℃年积温为 2000～3000℃，无霜期为 150～200d，从东部向西北递减。由于热量较少，该区湿润度仍达 0.3～1.2，甚至 1.5。

草原区地面水资源短缺，分布不平衡，80%的地表径流分布在东部的东北草原区。中部和西北部的蒙宁甘草原区、新疆草原区等大部分属于内流区，加之降水偏少，无法产生径流条件，因此，大部分地区缺少灌溉条件，生态环境脆弱，土地沙漠化强烈。本区干旱、多大风，土壤基质较粗，加之过度放牧和不合理的垦殖，土地沙化严重。

草原土壤形成过程的主要特点是有明显的生物积累过程和钙积化过程，并形成了富含有机质的黑钙土和栗钙土。因地理位置和气候环境的影响，我国北方草原土壤形成具有明显的地带分异特征。我国北方草原分布各种草原土壤,如黑钙土、栗钙土、棕钙土等。这些土壤的共同特点是都有一个有机质表土层(腐殖质层)和碳酸钙淀积层,多呈碱性反应,有机质含量较东北的肥沃黑土低。由于受非地带性因素影响,常在地带性土壤带内形成隐域性土壤,以风沙土为主。

2.1.3 社会经济环境

在历史上,我国北方广大草原是各个游牧部落的"自然故乡"。随着农业为主的生产方式形成,开始出现农民开垦草原种地现象。一些地区的连片草原逐步被农耕区分割。我国北方草原地区的经济发展水平明显落后于农耕地区。据统计数据显示,草原区牧民与农民的收入差距由 1980 年的 36 元,扩大到 1995 年的 236 元,2007 年扩大到 903 元,2010 年扩大到 1000 多元。

我国对草原区的开发经历了游牧阶段、盲目开发阶段和合理开发利用阶段。在盲目开发阶段,由于牲畜数量增加,饲草日益缺乏,这就需要人们种植一部分饲草以弥补不足。但是由于当时生产力低,饲草的种植面积很小,而且产量很低,不能满足畜牧发展的需要,更不能从根本上改变逐水草而居的原始游牧状态。在这种情况下,一部分牧民便开始利用优越的自然条件,在从事畜牧业生产的同时,积极地发展种植业,就逐渐地形成了半农半牧的生产方式。在盲目开发阶段,广大草原存在着掠夺式的利用,滥垦、滥收的破坏致使大面积草原逐渐缩小,退化、沙化和盐碱化的面积相应扩大,环境恶化,生态平衡失调,严重影响了草原畜牧业生产的发展。

目前,我国 90% 以上的草地资源面临不同程度的退化、沙化、盐渍化现象。随着草地植被覆盖率的降低,土壤有机质含量逐渐减少,从而进一步影响植物的生长,导致植被层被破坏,形成裸地,草原土壤出现沙化。沙化草原从 20 世纪 50~80 年代共增长 640 万 hm^2。随着草地资源的退化,草畜产量大幅度降低。为了治理草原退化,现阶段开展了一系列草原建设利用措施,其中京津风沙源治理工程于 2000 年全面启动实施。工程通过采取多种生物措施和工程措施,有力遏制了京津及周边地区土地沙化的扩展趋势。2014 年全国草原监测报告显示,全国草原综合植被盖度(是指某一区域各主要草地类型的植被盖度与其所占面积比例的加权平均值)为 53.6%,其中治理工程区内的平均植被盖度为 61%。

草畜不平衡因素为导致草原退化的主要因素。我国北方干旱草原区人口密度达到 11.2 人/hm²，为国际公认的干旱草原区生态容量 5 人/hm² 的 2.24 倍。随着人口增长，草原超载问题将日益突出。例如，2014 年全国重点天然草原的平均牲畜超载率为 15.2%，其中，内蒙古平均牲畜超载率为 9%，新疆平均牲畜超载率为 20%，青海平均牲畜超载率为 13%，四川平均牲畜超载率为 17%，甘肃平均牲畜超载率为 17%。

草原产业作为我国北方草原地区经济发展的主要产业之一，主要包括畜牧业、牧草生产加工业、草种业、旅游业和草原药材业等几种主要形式。这几种产业发展都与草地资源分布和生长态势不可分割。由于草原区产业经济的脆弱性，草地资源的大幅度年际波动，无疑会对经济发展产生重要影响。因此，推动草原保护建设工程建设和家庭承包，保护草地资源，促进草地资源可持续发展成为促进草原经济的基本保障。

2.2　基于植被指数的草原可燃物时空演变分析

草原生物量的多少是表征草原生产力的重要指标。20 世纪 70 年代末期，我国学者就开始了基于典型草地生态系统长期定位观测的生物量观测研究。作为草原火产生的重要物质基础，草原生物量的多少对草原火灾的发生发展影响重大。对大尺度空间草原生物量的分析，可以了解我国草原可燃物空间分布，为草原防火站点布局、防火隔离带建设及防灾救助物资投入等方面都具有指导意义。本研究利用遥感植被指数 SPOT-VGT NDVI 分析我国北方草原在 1998～2008 年可燃物空间分布情况，为后期可燃物空间分布与草原火灾空间演化提供基础数据。

2.2.1　常用的植被指数

植被指数主要反映植被在可见光、近红外波段反射与土壤背景之间差异的指标，各个植被指数在一定条件下能用来定量说明植被的生长状况。利用植被指数实现植被检测主要是由于健康的绿色植被在近红外波段和可见光中红色波段的反射差异比较大，原因在于红色波段对于绿色植物来说是强吸收的，近红外波段则是高反射高透射的。由于植被指数有明显的地域性和时效性，受植被本身、环境、大气等条件的影响等特点，因此，在建立植被指数时，要有效地综合各有关的光谱信号，增强植被信息，减少非植被信息。在进行植被特征分析时，常用到以下植被指数。

1. 归一化植被指数（normalized difference vegetation index，NDVI）

NDVI 是反映植物长势和营养信息的重要参数之一。根据该参数，可检测植被生长状态、植被覆盖度和消除部分辐射误差等；NDVI 可以反映出植物冠层的背景影响，如土壤、潮湿地面、雪、枯叶、粗糙度等，且与植被覆盖有关。NDVI 的值的范围为 [−1,1]，负值表示地面覆盖为云、水、雪等下垫面，对可见光高反射；0 表示有岩石或裸土等，此时近红外（NIR）和红光（R）近似相等；NDVI 为正值时，表示有植被覆盖，且随覆盖度增大而增大。NDVI 应用广泛，但也存在一定的局限性，主要是由于 NDVI 用非线性拉伸的方式增强了 NIR 和 R 的反射率的对比度。对于同一幅图像，分别求比值植被指数（RVI）和 NDVI 时会发现，RVI 值增加的速度高于 NDVI 增加速度，即 NDVI 对高植被区具有较低的灵敏度。

归一化植被指数的计算公式为：

$$\mathrm{NDVI} = \frac{\rho_{\mathrm{NIR}} - \rho_{\mathrm{RED}}}{\rho_{\mathrm{NIR}} + \rho_{\mathrm{RED}}} \tag{2-1}$$

式中，ρ_{NIR} 和 ρ_{RED} 分别代表近红外波段和红光波段的反射率。NDVI 的值介于 −1 和 1 之间。

2. 增强型植被指数（enhanced vegetation index，EVI）

EVI 通过加入蓝色波段以增强植被信号，矫正土壤背景和气溶胶散射的影响。EVI 常用于叶面积指数（LAI）值高，即植被茂密区。增强型植被指数计算公式为：

$$\mathrm{EVI} = 2.5 \times \frac{\rho_{\mathrm{NIR}} - \rho_{\mathrm{RED}}}{\rho_{\mathrm{NIR}} + 6.0\,\rho_{\mathrm{RED}} - 7.5\,\rho_{\mathrm{BLUE}} + 1} \tag{2-2}$$

式中，ρ_{NIR}、ρ_{RED} 和 ρ_{BLUE} 分别代表近红外波段、红光波段和蓝光波段的反射率。其值的范围是 −1~1，一般绿色植被区的范围是 0.2~0.8。

3. 其他植被指数

(1) 比值植被指数 (ratio vegetation index，RVI)

$$RVI = \frac{\rho_{NIR}}{\rho_{RED}} \qquad (2\text{-}3)$$

该植被指数能够充分表现植被在红光和近红外波段反射率的差异，能增强植被与土壤背景之间的辐射差异。但是 RVI 对大气状况很敏感，而且当植被覆盖小于 50% 时，它的分辨能力显著下降。

(2) 差值植被指数 (difference vegetation index，DVI)

$$DVI = \rho_{NIR} - \rho_{RED} \qquad (2\text{-}4)$$

该植被指数对土壤背景的变化极为敏感，有利于对植被生态环境的监测，因此又被称为环境植被指数 (EVI)。

(3) 土壤调整植被指数 (soil-adjusted vegetation index，SAVI)

$$SAVI = \frac{\rho_{NIR} - \rho_{RED}}{\rho_{NIR} + \rho_{RED+L}} (1 + L) \qquad (2\text{-}5)$$

式中，L 是一个土壤调节系数，该系数与植被浓度有关，由实际区域条件确定，用来减小植被指数对不同土壤反射变化的敏感性。当 $L = 0$ 是，SAVI 就是 NDVI；对于中等植被覆盖区，L 的值一般接近于 0.5。乘法因子 (1+L) 主要是用来保证最后的 SAVI 值介于 -1 和 1 之间。该指数能够降低土壤背景的影响，但可能丢失部分植被信号，使植被指数偏低。

2.2.2 基于植被指数的草原生物量计算

本章采用 1998～2007 年 SPOT-VGT NDVI 植被指数，该植被指数是由 1998 年 3 月发射 SPOT-4 所提供的，该卫星携带一个多角度遥感仪器，即宽视域植被探测仪 Vegetation (VGT)，用于全球和区域两个层次上，对自然植被和农作物进行连续监测，对大范围的环境变化、气象、海洋等应用研究很有意义。本章采用数据由国家自然科学基金委员会"中国西部环境与生态科学数据中心"网站下载，其空间分辨率为 1km×1km，时间分辨率为 10d，时间序列为 1998 年 4 月至 2007 年 12 月。该数据由瑞典的基律纳 (Kiruna) 地面站负责接收，由位于法国图卢兹 (Toulouse) 的图像质量监控中心负责图像质量并提供相关参数

（如定标系数），最终由比利时弗莱芒技术研究所（Flemish institute for techno-logical research，VITO）VEGETATION 影像处理中心（VEGETATION pro-cessing centre，CTIV）负责预处理成逐日 1km 全球数据。预处理包括大气校正、辐射校正、几何校正，且都已采用最大值合成法获取时间分辨率为 10d 的最大值合成数据，以减少云、大气、太阳高度角等的影响。目前，该数据集已被国内很多学者用于植被及生态环境的研究，都取得了比较好的应用效果[130,131]。真实 NDVI 值计算方法如下：

$$NDVI = 0.004 \times DN - 0.1 \qquad (2-6)$$

式中，DN 表示地表的反射率值。

1. 均值法

均值法能较好地反映研究区长时间内 NDVI 的整体分布情况，本章采用这种方法来研究我国北方草原区自 1998 年至 2007 年间 NDVI 的空间分布特征。首先，为了避免某些极端月份数据的影响，本研究计算出 1998～2007 年生长旺盛季 8 月份上、中和下旬每 10 天的数据集取平均值，获得年均 NDVI 数据集；然后，将生成的年均 NDVI 数据集取平均值，生成研究区 10 年的平均 NDVI 数据，以表征我国北方草原近 10 年来植被覆盖的空间分布情况。计算公式如下：

$$\overline{NDVI} = \frac{\sum_{j=1}^{n}\left(\dfrac{\sum_{i=1}^{3} NDVI_i}{3}\right)}{n} \qquad (2-7)$$

式中，$\overline{NDVI}$ 为北方草原 10 年 NDVI 平均值；$NDVI_i$ 为各年份 8 月上、中、下旬 NDVI 值；j 为年份。

2. Mann-Kendall 趋势检验法

在时间序列趋势分析中，Mann-Kendall 检验法是世界气象组织推荐并已广泛使用的非参数检验方法，最初由 Mann 和 Kendall 提出，许多学者不断应用该方法来分析降水、径流、气温和水质等要素时间序列的趋势变化。Mann-Kendall 检验不需要样本遵从一定的分布，也不受少数异常值的干扰，适用于非正态分布的数据，计算简便。因此，Mann-Kendall 检验法能很好地模拟影像中每个栅格像元的变化趋势，以反映不同时期植被覆盖变化趋势。本章采用此趋势分析法来模拟 1998～2007 年我国北方草原年均 NDVI 的空间变化趋势。

在 Mann-Kendall 检验中，原假设 H_n 为时间序列数据 $\{x_1，\cdots，x_n\}$，是 n 个独立的、随机变量同分布的样本；备择假设 H_1 是双边检验，对于所有的 k，$j \leqslant n$ 且 $k \neq j$。x_k 和 x_j 的分布是不相同的，检验统计变量 S 定义如下：

$$S = \sum_{k=1}^{n-1} \sum_{j=k+1}^{n} \mathrm{Sng}(x_j - x_k) \tag{2-8}$$

其中

$$\mathrm{Sng}(x_j - x_k) = \begin{cases} +1, & (x_j - x_k) > 0 \\ 0, & (x_j - x_k) = 0 \\ -1, & (x_j - x_k) < 0 \end{cases}$$

Mann-Kendall 统计变量公式定义如下：

$$Z = \begin{cases} \dfrac{S-1}{\sqrt{n(n-1)(2n+5)/18}}, & S > 0 \\ 0, & S = 0 \\ \dfrac{S+1}{\sqrt{n(n-1)(2n+5)/18}}, & S < 0 \end{cases} \tag{2-9}$$

这样，在双边的趋势检验中，在给定的 α 置信水平上，如果 $|Z| \geqslant Z_{1-\alpha/2}$，则原假设是不可接受的，即在 α 置信水平上，时间序列数据存在明显的上升或下降趋势。对于统计变量 Z，大于 0 时，是上升趋势；小于 0 时，则是下降趋势。Z 的绝对值在大于等于 1.28、1.64 和 2.32 时，分别表示通过了信度 90%、95% 和 99% 的显著性检验。

本研究首先计算了我国北方草原 1998～2007 年地表植被生物量平均值（图 2-3），从图 2-3 可以看出，我国北方草原植被生长较好的地方是内蒙古东北部地区、新疆西部和北部地区、四川东部和甘肃南部地区。

为了度量我国北方草原地表生物量变化趋势，本研究利用 MK 值（图 2-4）结合区域植被实际生长情况，制定了基于 NDVI 的地表植被生物量变化趋势图（图 2-5）。从图上可以看出，内蒙古东部和北部地区虽然植被生长较好，但是在 1998～2007 年，内蒙古大部分地区出现植被减少的情况。在四川和新疆的大部分地区也出现了植被减少情况。从统计结果看，在这 10 年内我国北方草原植被

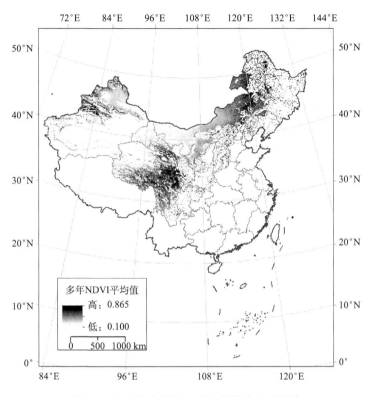

图 2-3　我国北方草原地表生物量多年平均值

减少区占 36.4%，植被不变区占 11.0%，植被增加区占 52.6%，所以此方草原地区大部分草原植被恢复较好。

本研究利用遥感植被指数数据对我国北方草原大尺度空间上的地表生物量时间和空间变化进行了分析，该研究是草原火灾可燃物研究的基础，通过本研究，可以为草原火管理者提供及时可靠的可燃物累积信息，可以为地表可燃物的管理提供依据。

2.2.3　基于植被指数的草原可燃物量计算

归一化差异植被指数（NDVI）定义为近红外波段和红光波段的反射率差值除以两者之和。NDVI 对绿色植被表现敏感。统计分析发现，草地植被地上生物量与当年植被生长旺盛期 NDVI 值具有很好的相关关系，两者可以用幂函数很好

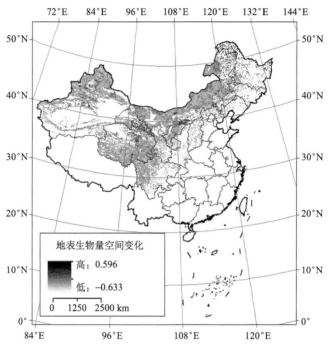

图 2-4 1998~2007 年我国北方草原地表生物量空间变化值

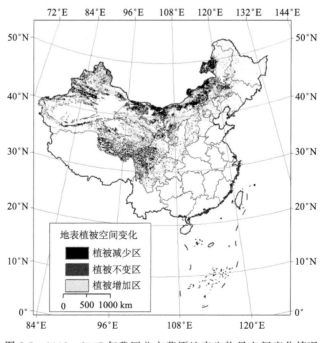

图 2-5 1998~2007 年我国北方草原地表生物量空间变化情况

地拟合。本研究对植被生长旺盛期 NDVI 进行求值，然后获取观测区的实测采样值，建立两者之间的相关关系。由于目前阶段缺少大范围草原地区有采样数据，因此本研究以锡林郭勒盟为例，计算该草原区基于植被指数的草原可燃物量。由于锡林郭勒盟区域较小，因此，本研究选取美国国家航空航天局官方网站下载的 MODIS-NDVI 16 天合成产品数据（MOD13），时间为 2009 年 7 月下旬～8 月下旬，通过投影和坐标变换、图像拼接和重采样，转换为 Albers 投影（空间分辨率是 250m×250m）。对于在植被覆盖率低的地区，NDVI 值受下垫面的影响较大，因此只考虑 NDVI 平均值大于或等于 0.1 的像元。

　　为了建立植被指数与地表生物量之间的关系，需要在地面建立地表生物量采样点。在 2009 年 8 月 13 日到 29 日，在锡林郭勒草原区各个草原类型内共设定了 874 个采样点（图 2-6），每个采样区为 10m×10m，在每个采样区内做

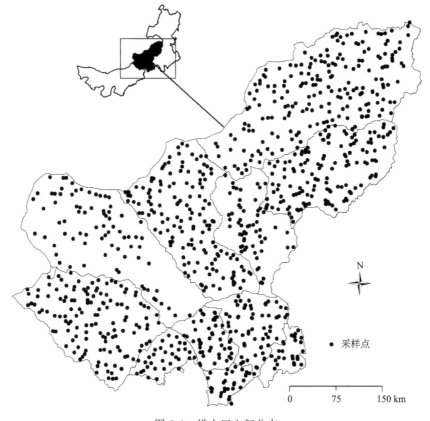

图 2-6　样本区空间分布

3个1m×1m样本点，3个样本点的平均值代表样本区生物量的值。每个样本区都用了GPS进行定位，并将数据导入地理信息系统内，供后续数据分析使用。

由于采样区获取的是鲜草产量，所以需要对样本区内的草原产草量进行折算，以便得到草原产草量的风干重数据。折算系数参考了《中国草地资源》中相关的规定（表2-1）。

表2-1　各类草地类型折算干草的系数

草地类型	折算系数	草地类型	折算系数
低地草甸类	1/3.5	温性草原类	1/3.0
改良草地	1/3.2	温性荒漠草原类	1/2.7
山地草甸类	1/3.5	温性荒漠类	1/2.5
温性草甸草原类	1/3.2	沼泽类	1/4.0
温性草原化荒漠类	1/2.5		

根据同时期MODIS NDVI值和地表采样数据（图2-7），建立了地表可燃物承载量的表达式：

$$y = 536.9 \times x^{1.209} (R^2 = 0.81, P = 0.05) \tag{2-10}$$

式中，x表示NDVI值；y表示地表可燃物承载量（g/m²）。统计结果的均方根误差（RMSE）为33.06，说明统计结果可靠。

利用NDVI和牧草质量之间的关系［式（2-10）］，本研究估计在2000～2010年度锡林郭勒盟草原地表可燃物承载量，其值范围为0～668g/m²。本研究计算了锡林郭勒盟草原空间上地表可燃物的平均值和标准差，统计结果表明，平均值表明了该地区可燃物总体情况，从平均值可以看出该地区地表可燃物量从东北部向西南部逐渐减少。标准差表明该地区可燃物年际变化，从该地区可燃物量的标准差统计上发现，该地区可燃物在年际变化上呈现从西南到东北地区增加的趋势。

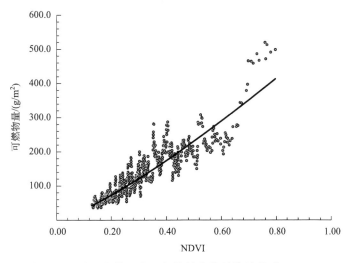

图 2-7　地表可燃物承载量与植被指数的统计关系（NDVI）

第3章 我国北方草原火灾时空规律分析

草原火灾历史案例资料分析是研究草原火灾的重要手段。通过分析草原火灾案例，可以找到草原火灾发生的时间规律，这对于制定合理的草原防火期具有重要意义。草原火灾案例分析可以帮助我们找到草原火灾发生的孕火环境要素，这对于草原火灾风险评估和预警指标选择有重要意义。分析并找到草原火灾起火原因，可以帮助我们进行防火期草原火灾管理。因此草原火灾案例研究是草原火灾管理中重要研究内容。本章主要通过统计手段，对草原火灾发生年变化、月变化、日变化、区域空间分布等规律进行识别，并通过一定的数学分析手段，实现草原火灾风险识别的目的。

3.1 研究区草原火灾历史概况

3.1.1 研究区草原火灾防火概况

中国北方草原区主要集中在干旱、半干旱的北方地区，其中以东北、西北的温带草原最为地域辽阔、牧草茂密，是发展草原牧业的重要基地。我国草原面积广阔，草原类型复杂，草资源品种十分丰富。我国《中华人民共和国草原法》规定，草原是指天然草原和人工草地。我国草原幅员辽阔，类型多样，为畜牧业生产的发展提供了良好的基地。我国各类天然草原年产干草总量约3亿t。目前我国用于放牧的草原面积占草原总面积的75%，其中，适宜暖季放牧的草原为11 746万hm²，占放牧草原面积的44.4%；适于冷季放牧利用的草原为6415万hm²，占放牧草原面积的24.3%；放牧季节不受限制的全年放牧草原8260万hm²，占放牧草原面积的31.3%。随着近年来草原区生态保护和草原养护工程建设，草原地面生物量得到不断累积，地表可燃物量逐渐增加。

我国草原区气候具有显著的大陆性气候特点，其特征主要表现为冬季寒冷漫长，常有冰雪覆盖，夏季炎热短促，降水集中在夏季，春秋季节温度较高，降水少。研究区年平均气温低，温差大，有效积温高，降水少，蒸发量大，气候干燥，日照充足。我国草原区绝大部分地区年降水量在 200mm 以内，蒸发量在 1000mm 以上。草原区春秋季节干旱、风大，适度的地上可燃物储量和连续分布状况，并配合独特的天气气候条件，构成了该地区高火险的特征，对草原区社会经济和人民的生命财产造成极大的破坏性。尤其是内蒙古东部地区牧草茂密，枯枝落叶丰厚，草原火灾频繁发生[132]。据统计，从 1949 年到 2008 年，我国共发生草原火灾约 56 451 起，过火面积约 20 617.21 万 hm^2，受伤人数 1413 人，死亡 444 人，死亡牲畜 37 682 头（只），被迫转移牲畜 8 295 337 头（只）。随着牧业经济的不断发展，草原火灾已经成为阻滞畜牧业可持续发展的主要因子之一。

3.1.2　研究区防火减灾能力概况

在草原火灾风险形成过程中，人为管理因素是一个重要的组成部分。人为要素的干预在很大程度上起到了加速和推迟草原火灾风险成熟的速度。草原区防火减灾能力体现了人为要素对草原火灾风险减轻的重要作用。因此研究草原区草原防火减灾能力对于草原火灾风险管理非常重要。

草原区应急防火减灾能力主要从应急队伍、防火物资库、防火隔离带和防火瞭望台等几个方面进行体现。应急队伍是草原防火中的主要力量。我国在《农业部关于加强基层草原防火应急队伍建设的意见》中指出，以一、二级草原火险县市为重点，逐步加强和完善基层草原防火应急队伍建设，巩固和完善县级草原防火专业应急队伍建设，推进乡（镇）村专业、半专业草原防火应急队伍建设，支持武警部队专业扑火队伍建设。防火物资储备主要是在草原面积较大，尤其是在重点牧区和草原生态保护区，建立中央和地方的草原防火物资储备库，储备用于草原灭火的各类防火应急物资，包括风力灭火机、防火服、野外生存装备、防火指挥车、运兵车、后勤保障车、车载信息台、电台、卫星电话、GPS、发电机等，为及时扑灭火灾、减少损失提供必要的物质条件。防火隔离带重点在国境线、铁路、村庄、森林附近开设，是一种积极有效的防火设施。目前，主要是在春季或秋季开设草原防火隔离带，国境防火隔离带宽度一般 100～120m，境内防火隔离带宽度一般 40～60m。常用的开设方法有火烧或机械翻耕去除地面上的植被。有条件的地方还可修建防火公路。目前，中央每年投入 1900 万元，建设完成边境草原防火隔离带 3000 多 km。

　　为保护草原资源，减少草原火灾对牧区畜牧业生产和人民生命财产造成的损失，国家每年安排一定数量的草原防火资金。2000 年，中央财政对草原防火的补助费由此前每年 400 万元增加到 1900 万元，草原防火基本建设中央投资由 500 万元增加到 2500 万元，2004 年增加到 3500 万元（图 3-1）。截至 2003 年年底，已建 1 个国家级草原防火指挥中心和 4 个省级草原防火指挥中心（图 3-2），31 个草原防火物资库和 44 个草原防火站（图 3-3），储备风力灭火机 2 万多台，防火服 2 万多套，电台 400 多部，防火车 3900 多辆，这些方面的建设提高了我国草原防扑火能力和草原防火的信息化水平。

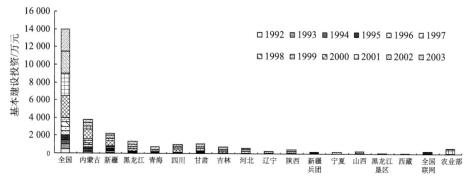

图 3-1　1992～2003 年草原防火中央基本建设投资情况

3.2　我国北方草原火灾时空格局分析

　　由于我国北方草原面积广大，草原火灾发生在时间和空间上都具有一定的规律性，找到我国草原火灾的发生规律对于草原火灾的管理具有重要意义。本节主要从我国北方起火原因调查草原火灾总体分布规律、重大草原火灾的分布规律，进行草原火灾的空间格局分析。

　　本章所需数据主要来自于农业部草原监理中心提供的我国北方草原火灾资料，其资料主要包括草原火灾年发生次数、我国北方各省草原火灾发生情况、起火原因、草原火灾损失情况以及我国防火物资库和防火站点的布置情况。

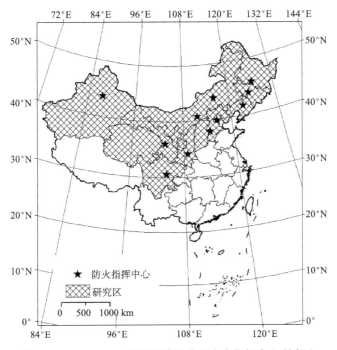

图 3-2　2000～2005 年我国建设草原防火指挥中心所在地

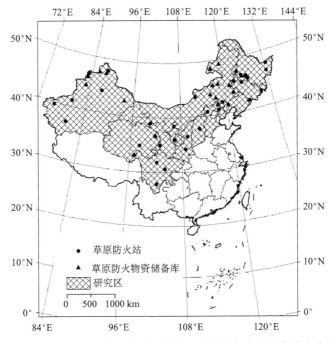

图 3-3　2000～2005 年我国北方草原防火物资储备库和防火站点位置图

3.2.1　起火原因调查分析

草原起火的原因很多，如烧荒、吸烟、上坟烧纸、取暖、做饭、小孩玩火、恶意纵火、雷击、炼焦及煤炭自燃、机动车跑火、电线短路、境外火等，就我国北方草原区而言，主要可归纳为人为因素、自然因素、境外火蔓延三大起因。

1. 人为因素

通过对我国北方草原火灾起火原因调查发现，人为因素造成的草原火灾高达95%以上，人为因素主要有当地居民烧荒、烧火做饭、上坟烧纸、取暖、吸烟、机动车引擎喷火、小孩玩火、恶意纵火等。人为因素每年所造成的草原火灾损失令人触目惊心。例如，根据统计资料记载，1994 年 4 月 3 日内蒙古锡林郭勒盟草原区内由于小孩玩火引起特大草原火灾，烧毁草原 15 万 hm²，烧死 2 人，烧伤 3 人，损失牲畜 1650 多头（只）；1994 年 4 月 10 日，内蒙古呼伦贝尔盟草原区内由于机动车引擎喷火引发特大草原火灾，烧毁草原 5000hm²，烧伤 4 人；1994 年 4 月 27 日，内蒙古锡林郭勒盟草原区内由于汽车发动机遗留火种引发特大草原火灾，烧毁草原 10.5 万 hm²，烧死 6 人，烧伤 10 人；1994 年 5 月 9 日，内蒙古锡林郭勒盟草原区内由于吸烟引发草原特大火灾，烧毁草原 16 万 hm²，烧死 2 人，烧伤 1 人，烧死牲畜 1030 头（只）等。2010 年 12 月 5 日 12 时 20 分，四川省道孚县鲜水镇孜龙村呷乌沟发生一起特别重大草原火灾。经调查，起火原因为小孩玩火。经统计，此次火灾共造成 23 人死亡，2 人重伤，3 人轻伤，受害草原面积 252 hm²，直接经济损失 20 万元。通过对 2001～2007 年我国北方草原的人为火源的调查分析可知，我国北方人为因素主要为烧荒（约 32%）、上坟烧纸（约 24%）、吸烟（约 18%）三个主要方面（图 3-4）。通过对防火期内各月份的火源情况调查发现，在 3～5 月和 9～11 月烧荒、吸烟、上坟烧纸的概率最大，其中以 4 月份和 10 月份最甚。

为了分析人为因素对草原火灾影响在时空上的变化，本研究统计了 2009～2014 年草原火灾发生月份、发生区域以及起火原因（表 3-1）。

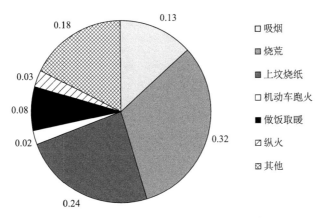

图 3-4　北方草原火灾人为火源原因调查

表 3-1　2009～2014 年我国北方草原火灾发生情况

年份	月份	区域	原因
2009	2 月、3 月、4 月、11 月，共发生草原火灾 137 起，占全国草原火灾发生次数的 71%	较为严重的是内蒙古、吉林、四川和甘肃四省区共发生草原火灾 123 起，占全国草原火灾发生次数的 64%，受害草原面积为 24 022.1hm²	烧荒引起草原火灾的比例最高，其次为上坟烧纸、吸烟、取暖做饭和玩火，分别占草原火灾次数的 27%、14.5%、13%、10% 和 8%，其他起火原因占草原火灾次数的 11.5%，未查明原因占 16%
2010	主要发生在 2 月、3 月、10 月，占全国草原火灾发生次数的 91.7%	火灾较为严重的是内蒙古、吉林、四川、甘肃和青海五省区，共发生草原火灾 100 起	烧荒引起草原火灾的比例最高，其次为取暖做饭和玩火
2011	主要发生在 4 月、5 月和 10 月，共发生草原火灾 43 起，占全年草原火灾发生次数的 51.8%	火灾较为严重的是内蒙古、吉林和青海三省区，共发生草原火灾 57 起，占全国草原火灾发生次数的 68.7%	烧荒引起草原火灾的比例最高，占全国草原火灾发生次数 26.5%，其次为上坟烧纸和取暖做饭，分别占全国草原火灾发生次数的 9.6% 和 7.2%，其他起火原因占全国草原火灾发生次数的 27.8%，未查明原因的占 28.9%
2012	3 月、4 月和 5 月全国草原火灾发生次数较多，共 85 起，占全国草原火灾发生次数的 77.3%	主要发生在内蒙古、吉林和四川三省区，共发生草原火灾 84 起，占全国草原火灾发生次数的 74.6%	烧荒引起草原火灾的比例最高，其次是取暖做饭，分别占全国草原火灾发生次数的 32.7% 和 12.7%，其他起火原因占全国草原火灾发生次数的 24.6%，未查明原因的占 30%

续表

年份	月份	区域	原因
2013	3月、4月和10月全国草原火灾发生次数较多，共67起，占全国草原火灾发生次数的74.4%	主要发生在内蒙古、四川和青海三省区，共发生草原火灾69起，占全国草原火灾发生次数的76.7%	烧荒和吸烟引起草原火灾的比例最高，分别占全国草原火灾发生次数的11.1%和8.9%，取暖做饭、野外作业失火等其他起火原因占全国草原火灾发生次数的36.7%，未查明原因的占43.3%
2014	4月和10月全国草原火灾发生次数较多，共106起，占全国草原火灾发生次数的67.1%	主要发生在内蒙古和吉林两省区，共发生草原火灾111起，占全国草原火灾发生次数的70.3%	上坟烧纸引起草原火灾的比例最高，其次为烧荒，分别占全国草原火灾发生次数的22.8%和13.9%，其他起火原因占全国草原火灾发生次数的20.9%，未查明原因占42.4%

从表3-1可以看出，在2009～2014年，我国北方草原火灾主要发生在2月、3月、4月、5月和10月。在空间上，主要集中在内蒙古、四川、青海和吉林四省区；起火原因以烧荒、上坟烧纸和吸烟引起的草原火灾最多。因此，在草原区需要针对坟场做好隔离带，并在烧荒前充分做好隔离工作，有步骤、分区域地进行烧荒。同时也要严谨防火期内带火种进入草原，机器进入草原要戴防火罩。

2. 境外火蔓延

我国北方草原与蒙古有着漫长的边境线，在边境线两侧草原植被生长旺盛，地面可燃物累积量大，当境外发生草原火灾时，草原火在南下气流带动下，可以越过边境防火带进入我国，引起我国草原火灾。通过我国对草原火灾实时监测结果表明，蒙古及俄罗斯境内的火种向南和东南方向蔓延是引起我国草原火灾的一个重要因素。特别是内蒙古呼伦贝尔市西部、锡林郭勒盟东北部草原区，平均每年由境外火蔓延引起多次草原火灾。据统计，1994年4月16日由于蒙古国火情向东南扩散，先后引起我国呼伦贝尔市、兴安盟和哲里木盟草原火灾3次；1995年境外火5次蔓延到我国境内，引起较大的草原火2次；1996年，中蒙、中俄边境的境外火10多次，其中4月下旬到5月初由于蒙古国草原火入境，先后进入我国锡林郭勒盟、兴安盟、呼伦贝尔市引起特大草原火灾，共烧毁草原70多万hm²；1997年来自蒙古国的境外火6次威胁我国境内草原。据统计，在

2001~2007 年，我国共发生越境火 11 次，其中 2002 年越境火 3 次，2003 年共发生境外火 6 次，2004 年越境火 1 次，2007 年越境火 2 次。

3. 自然因素

自然起火的原因多而复杂，其中闪电是最常见的起火原因之一。覆盖着的丰富可燃物的草原在空气湿度较大的天气遇到闪电雷击极易引起草原火灾。另一个起因是可燃物自燃，在秋后降雪前和来年春季化雪之后，由于气候干燥、风大、日照时间长，可燃物容易自燃进而引起草原火灾。另外，磷火也是草原火的起因之一。草原区特别是内蒙古东部草原植被茂盛区，大量的死畜骨架遗留在草原上，其中丰富的磷形成的磷火也很容易引起草原火灾。此外还有煤炭自燃起火等原因引起的草原火灾。据统计，2005 年煤炭自燃引发草原火灾 2 次，2006 年发生雷击火 2 次，2007 年发生雷击火 3 次。

3.2.2 草原火灾的分布规律

我国北方草原每年均发生大量的草原火灾。从 1991~2009 年草原火灾统计资料发现，我国北方年均发生草原火灾 394 次，其中年均重大草原火灾 10 次，年均特大草原火灾 6 次。我国每年发生草原火灾的波动性很大，在 1991~2009 年，我国草原火灾共出现 3 个波峰和 4 个波谷，其中 1993~1995 年、2000~2001 年、2004~2005 年为波峰年，1991 年、1996 年和 2003 年为草原火灾波谷年（图 3-5）。2005 年以来我国草原火灾次数呈现明显的下降趋势。随着草场资源的保护、可燃物积累和社会经济发展，草原火灾发生风险将会增加。2010~2014 年共发生草原火灾 550 次，年均发生草原火灾 110 次。近 5 年来是草原火灾发生的一个低谷期，但是这 5 年内每年都发生 1~2 次重特大草原火灾，并给草原区造成很严重的经济损失。因此，随着草原区社会发展，草原火灾防治的任务依然重大。

通过对我国北方各省区草原火灾发生次数（表 3-2）和年均损失率情况分析可知，1998 年以来，内蒙古、黑龙江、河北、甘肃、新疆草原火灾发生较为频繁，约占全国草原火灾发生次数的 14.5%、13.2%、12.4%、10%、10%，其次是吉林、四川，约占全国发生次数的 9.2%、6.5%。

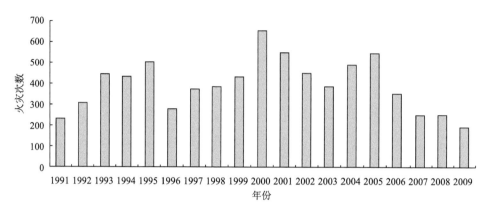

图 3-5　我国北方 12 省区的草原火灾总体情况

表 3-2　我国北方各省区年份草原火灾发生次数规律

	1998	1999	2000	2001	2002	2003	2004	2005	2006	2007	2008
全国	383	432	652	547	448	387	489	564	350	248	248
河北	45	58	177	131	86	17	24	25	20	6	0
山西	21	31	33	14	25	16	18	22	8	11	9
内蒙古	35	27	17	40	17	76	175	244	32	10	12
辽宁	91	82	35	86	36	20	18	21	17	3	6
吉林	12	13	30	23	29	48	48	61	51	54	68
黑龙江	41	41	105	69	74	72	51	45	63	35	30
四川	12	19	32	22	20	26	23	23	53	44	34
陕西	23	46	36	36	38	22	20	31	26	14	7
甘肃	49	35	17	7	51	57	61	75	49	38	33
青海	14	13	11	19	15	9	17	11	19	23	26
宁夏	2	3	2	0	10	3	16	4	2	2	3
新疆	38	64	157	100	44	17	17	4	8	6	18

　　通过对我国北方年均过火面积和年均火灾次数统计可知，内蒙古、黑龙江、河北年均火灾发生次数较多，在草原火灾年均损失率（年均损失率＝过火面积/草原面积）上，黑龙江和内蒙古较高（图 3-6）。中国北方草原区独特的气候特征和人类活动规律形成了特有的草原火灾季节。我国北部草原地区的火灾主要出现在春、秋两季，此时气候干燥，植物停止生长，含水率也低，容易燃烧。同

时，春、秋两季又是我国北方地区人类活动频繁的季节。牧区内各地的火灾季节是相对稳定的。

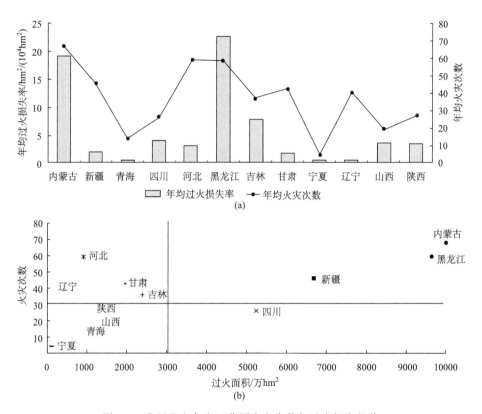

图 3-6　我国北方各省区草原火灾次数与过火损失规律

通过对我国草原区的年草原火灾发生次数和年过火面积统计发现，以年均草原火灾发生次数 30 次和年过火面积 3000 万 hm² 为阈值，我国草原火灾区可以分为以下 4 个类型：①高发生高损失区，如内蒙古、黑龙江；②高发生低损失区，如河北、辽宁；③低发生高损失区，如四川；④低发生低损失区，如山西、陕西。通过结合地面可燃物空间分析可以看出，对应可燃物较多且连续分布的区域草原火灾发生频次高，牧业发展较好的省区草原火灾损失较大，因此，地面植被生长好、牧业经济发展水平高的地区是现阶段草原火灾管理的重点区域。

3.3　我国北方重大草原火灾时间序列预测

3.3.1　基于非线性理论的草原火灾时间序列预测

预测是人们对客观事物发展变化的一种认识和估计[133]。草原火灾趋势预测是根据统计资料对未来事故发生趋势的宏观预测，主要为制定安全管理目标、制定安全工作规划或作出安全决策提供依据。

根据灰色系统理论，将信息部分明确的事件称为灰色系统[134]。灰色系统对样本量过小事件的预测具有很大的优越性。对于一些非稳定随机过程，马尔可夫随机过程理论认为系统将来所处的状态只与现在系统状态有关，而与系统过去的状态无关。因此马尔可夫预测适用于随机波动大的预测问题[135]。草原火灾的发生受到自然、人文因素等诸多因素的影响，其因素间的作用机理尚需要进一步的研究，因此草原火灾灾变系统应属于信息不完备的灰色系统范畴。同时草原火灾属于突发性灾害事件，其发生随年份的变化具有很大的波动性。鉴于以上原因，在此采用灰色马尔可夫预测对我国草原火灾进行预测。

在草原火灾的众多要素中，重大特大草原火灾年发生次数和草原年过火面积是重要的两个要素。重大特大草原火灾是对草原畜牧业影响最严重的灾害，其破坏程度相当于数次一般草原火灾造成的损失，且造成的生态损失是无法估计的。在草原火灾中过火面积是草原火灾最主要的经济损失，同时由于牧草的缺失造成牲畜饿死等次生灾害生成。因此选取年火灾发生次数和年过火面积两个指标，利用中国草原监理中心提供资料（1991~2005 年），对我国草原未来的草原火灾情况进行预测。

在进行草原火灾预测之前先对草原火灾两个指标分布状况进行初步分析（图 3-7 和图 3-8），处理后发现，随着社会的发展，草原火灾管理水平不断提高，草原火灾无论年发生次数还是年过火面积都呈现指数减少趋势，即草原火灾随时间变化规律符合指数分布。这更证明了应用灰色马尔可夫预测进行草原火灾预测的可行性。

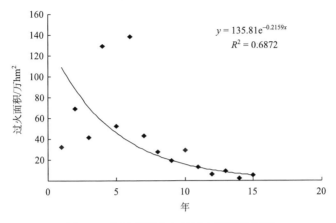

图 3-7　我国草原火灾年过火面积趋势图

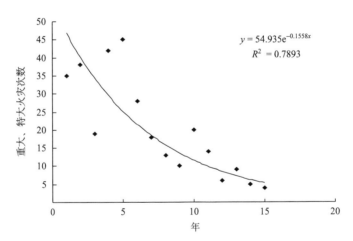

图 3-8　我国重大、特大草原火灾年发生次数趋势图

3.3.2　灰色系统预测法

灰色系统的一般形式为 GM(n，h)，其中 n 为模型新建立的微分方程阶数，h 为变量个数。基于灰色理论的 GM(1，1) 模型的预测称为灰色预测。

灰色系统预测的步骤如下：

（1）数据生成。灰色系统预测的数据生成主要有累加生成、累减生成、映射生成等。在草原火灾预测中主要采用累加生成方式进行数据处理。

设有原始非负数列 $x^{(0)}$：

$$x^{(0)} = (x^{(0)}(k) \,|\, k = 1, 2, 3, \cdots, n) = (x^{(0)}(1), x^{(0)}(2), \cdots, x^{(0)}(n))$$

$$(3\text{-}1)$$

根据公式

$$x^{(1)}(k) = \sum_{i=1}^{k} x^{(0)}(i) \tag{3-2}$$

得到生成数列 $x^{(1)}$：

$$x^{(1)} = (x^{(1)}(1), x^{(1)}(2), \cdots, x^{(1)}(n)) \tag{3-3}$$

（2）确定模型。

$$\frac{\mathrm{d}x^{(1)}}{\mathrm{d}t} + ax^{(1)} = u \tag{3-4}$$

式中，a、u 为待定参数。

方程（3-4）的解为

$$\hat{x}^{(1)}(k+1) = \left(x^{(1)}(1) - \frac{u}{a} \right) \mathrm{e}^{-ak} + \frac{u}{a} \tag{3-5}$$

式（3-5）称为时间反应方程。记参数列为 $\hat{a}$：

$$\hat{a} = (a, u)^{\mathrm{T}} \tag{3-6}$$

可以用最小二乘法求解 $\hat{a}$：

$$\hat{a} = (B^{\mathrm{T}}B)^{-1}B^{\mathrm{T}}y_N \tag{3-7}$$

式中

$$\boldsymbol{B} = \begin{bmatrix} -\dfrac{1}{2}(x^{(1)}(1) + x^{(1)}(2)) & 1 \\[2mm] -\dfrac{1}{2}(x^{(1)}(3) + x^{(1)}(4)) & 1 \\[1mm] \vdots & \vdots \\[1mm] -\dfrac{1}{2}(x^{(1)}(n-1) + x^{(1)}(n)) & 1 \end{bmatrix} \tag{3-8}$$

$$y_N = (x^{(0)}(2), x^{(0)}(3), \cdots, x^{(0)}(n))^{\mathrm{T}} \tag{3-9}$$

将得到的参数代入时间响应方程可以得到生成数列中的第 k 项和第 $k+1$ 项，则原始数列中的第 $k+1$ 项的估计值：

$$\hat{x}^{(0)}(k+1) = \hat{x}^{(1)}(k+1) - x^{(1)}(k) \tag{3-10}$$

3.3.3　马尔可夫预测

由于草原火灾的随机性很大，单纯地使用灰色预测模型可能存在较大误差，因此在灰色预测模型在 GM（1，1）预测模型的基础上，利用马尔可夫对波动性较大的数列处理的优越性对草原火灾灰色预测模型的残差进行二次预测。

1. 状态划分

把草原火灾灰色预测后产生的残差看作状态界限不明显的非平稳马尔可夫链，将其划分为 n 个状态，任一状态表示为

$$E_i \in [C_i, D_i] \tag{3-11}$$

式中，E_i 所确定的范围是草原火灾真实数据与灰色模型预测数据之间的残差范围；C_i、D_i 根据草原火灾的实际情况而定。

2. 相关预测

进行相关预测的前提是构造转移矩阵。利用历年的草原火灾资料得到各状态上的状态转移概率 p_{ij}，利用状态转移概率构成一个 n 阶方阵 $\boldsymbol{r}$。

$$\boldsymbol{r} = \begin{bmatrix} p_{11} & p_{12} & \cdots & p_{1n} \\ p_{21} & p_{22} & \cdots & p_{2n} \\ \vdots & \vdots & & \vdots \\ p_{n1} & p_{n2} & \cdots & p_{nn} \end{bmatrix} \tag{3-12}$$

转移概率矩阵描述了系统各状态转移的全部统计规律，式中

$$p_{ij} \approx \frac{N_{ij}}{N_i}(i, j = 1, 2, \cdots, n) \tag{3-13}$$

$$\sum_{i=1}^{n} p_{in} = 1 \tag{3-14}$$

其中，N_i 指处于 E_i 状态的样本数；N_{ij} 指由 E_i 向 E_j 状态转移的样本数。p_{in} 中的最大值表示 E_i 下一时刻最有可能的转向。如果存在两个以上最大值，则需要利用二重或多重转移矩阵来确定转移方向。

当转移方向确定以后，也就确定了下一时刻的取值区间，则下一时刻残差的预测值可以表示为

$$Q = \frac{1}{2}(C_i + D_i) \tag{3-15}$$

经过灰色预测的初步预测和马尔可夫对残差的二次预测，草原火灾的最终预测模型为

$$\hat{Y}(k+1) = \hat{x}^{(0)}(k+1) + Q \tag{3-16}$$

3.3.4 灰色马尔可夫预测

以重大、特大草原火灾年发生次数为例，通过把历史数据代入灰色预测模型，得到模型的参数如下：

$$a = 0.1322, \quad u = 47.7224$$

$$\hat{x}^{(1)}(k+1) = -325.94e^{-0.1322k} + 360.94 \tag{3-17}$$

$$\hat{x}^{(0)}(k+1) = 46.0672e^{-0.1322k} \tag{3-18}$$

为检验灰色模型预测的可信性，在此得到实际数列的平均值 $\bar{x}$ 和方差 S_1^2，以及与数据项残差的 $\bar{q}$ 和方差 S_2^2；得到重大特大草原火灾预测的后验差比值 $C = 0.59$，小误差频率 $P = 0.79$。所以重大特大草原火灾预测的精度达到合格等级。

根据公式及草原火灾的实际情况，做出如下的状态划分：

$E_1 \in [-6, -3)$；$E_2 \in [-3, 1)$；$E_3 \in [0, 3)$；$E_4 \in [3, 6]$

得到转移矩阵：

$$\mathbf{r} = \begin{bmatrix} \frac{3}{7} & \frac{2}{7} & 0 & \frac{2}{7} \\ \frac{2}{2} & 0 & 0 & 0 \\ \frac{1}{1} & 0 & 0 & 0 \\ 0 & \frac{1}{4} & \frac{1}{4} & \frac{2}{4} \end{bmatrix} \tag{3-19}$$

从表 3-3 对比发现，对于进行长期的草原火灾预测研究来说，灰色系统预测模型是最佳的，预测精度为 98.6%，大于灰色马尔可夫预测的 94.7%。但对于短期的草原火灾预测来说，灰色马尔可夫预测是最佳的（63.9＜85.3），灰色马尔可夫预测只是能对下一年的草原火灾情况进行预测。

表 3-3　灰色预测模型与灰色马尔可夫预测对比

年份	草原火灾次数	灰色系统预测	残差 δ	灰色马尔可夫预测	残差 δ
1992	38	40.4	-2.4	35.9	2.1
1993	19	35.4	-16.4	30.9	-11.9
1994	42	31.0	11.0	35.5	6.5
1995	45	27.1	17.9	31.6	13.4
1996	28	23.8	4.2	28.3	-0.3
1997	18	20.8	-2.8	25.3	-7.3
1998	13	18.3	-5.3	13.8	-0.8
1999	10	16.0	-6.0	11.5	-1.5
2000	20	14.0	6.0	9.5	10.5
2001	14	12.3	1.7	16.8	-2.8
2002	6	10.8	-4.8	6.3	-0.3
2003	9	9.4	-0.4	4.9	4.1
2004	5	8.3	-3.3	3.9	1.2
2005	4	7.2	-3.2	2.7	1.3
2006		6.3		1.84	
$\sum$	271.0	274.7	$\sum|\delta| = 85.3$	256.7	$\sum|\delta| = 63.9$

根据灰色马尔可夫预测对我国 2006 年重大特大草原火灾进行预测，发现我国 2006 年草原将发生重大特大草原火灾 2 次。以同样方法我国 2006 年草原火灾的过火面积为 7.55 万 hm^2。

根据草原火灾发生机理的灰色性和随机性，利用灰色马尔可夫预测模型对我国草原火灾进行预测。结果验证发现，灰色马尔可夫预测对草原火灾预测具有一定的可行性，但由于资料限制，对灰色系统模型和转移矩阵的建立具有一定的影响。随着资料的不断丰富，灰色马尔可夫预测模型必定可以为草原火灾预测提供有效的帮助。

3.4　我国北方草原火灾灾损规律的模糊判别分析

在我国北方，草原火灾发生频繁且造成牧区经济、生态等损失严重。由于草原火灾发生的频次、强度的等级不一，因此草原火灾对不同区域造成的灾情是不同的，相同等级的草原火灾，对于不同区域造成的损失也不尽相同。有效的判别草原火灾发生概率并对草原火灾发生频次-损失之间的灾损规律进行分析，对灾后补助的制定，以及救援物质的分配具有重要意义。

3.4.1　基于信息扩散理论的草原火灾发生概率分析

1. 信息扩散理论

信息扩散就是为了弥补信息量不足而考虑优化利用有效样本信息的一种对样本进行集值化的模糊数学处理方法，利用该方法可以将一个有观测值的样本变成一个模糊集，即将单值样本变成集值样本[136]。

信息扩散过程就是将研究单个样本的信息扩散到整个样本空间里，以体现单个样本对整体样本的影响。在信息扩散过程中同样遵守信息量守恒的原则，即在一维条件下，当扩散区间为 $[a, b]$，若信息点 x_i 扩散到论域 U 的信息量为 $f(x_i, U)$ 每个信息点扩散出的信息量总和为 1[137]，即

$$\int_a^b f(x_i, U) = 1 \tag{3-20}$$

由于草原火灾在一定意义上也属于小样本事件，所以利用模糊数学中有关信息扩散的理论，可以将草原火灾样本资料的一个单值信息扩散到整个草原火灾指标论域中的所有点，从而获得较好的风险分析效果。

设 m 年的草原火灾指标的样本系列为

$$X = \{x_1, x_2, x_3, \cdots, x_n\} \tag{3-21}$$

式中，$x_i (i=1, 2, \cdots, n)$ 是草原火灾指标的样本。在此可以使用草原火灾发生次数、过火面积和火灾损失（包括直接损失和间接损失）三个指标。如果过去 m 年内每个草原火灾指标的实际记录为 $y_1, y_2, y_3, \cdots, y_m$，则称

$$Y = \{y_1, y_2, \cdots, y_m\} \tag{3-22}$$

为观察样本集合，$y_j (j=1, 2, \cdots, m)$ 为样本的实际观测值。

设草原火灾指标论域为

$$U = \{u_1, u_2, u_3, \cdots, u_n\} \tag{3-23}$$

又设超越概率 $p_i(x \geqslant x_j)$，$i=1, 2, 3, \cdots, n$。则概率分布

$$P = \{p_1, p_2, p_3, \cdots, p_n\} \tag{3-24}$$

信息扩散理论中最常用的模型是正态扩散模型,按照式 (3-25),利用信息扩散对样本进行集值化的模糊数学方法处理,一个单值观测样本 y_j 可以将其所携带的信息扩散给 U 中的所有点:

$$\tilde{f}_j(u_i) = \frac{1}{h\sqrt{2\pi}} \exp\left[-\frac{(y_j - u_i)^2}{2h^2}\right] \tag{3-25}$$

式中, h 为扩散系数,可根据样本集合中样本的最大值 b、最小值 a 和样本数 n 确定 (表 3-4)[138]。

表 3-4　样本数与扩散系数关系[136]

n	h	n	h
5	0.8146 $(b-a)$	9	0.3362 $(b-a)$
6	0.5690 $(b-a)$	10	0.2986 $(b-a)$
7	0.4560 $(b-a)$	>11	2.6851 $(b-a)/(n-1)$
8	0.3860 $(b-a)$		

令

$$C = \sum_{i=1}^{n} \tilde{f}(u_i) \tag{3-26}$$

则相应的模糊子集的隶属函数为

$$\mu_{y_j}(u_i) = \frac{\tilde{f}_j(u_i)}{C} \tag{3-27}$$

$\mu_{y_j}(u_i)$ 称为样本 y_j 的归一化信息分布。

对 $\mu_{y_j}(u_i)$ 进行处理,可以得到一种效果较好的风险分析结果。令

$$q(u_i) = \sum_{j=1}^{m} \mu_{y_j}(u_i) \tag{3-28}$$

其物理意义是:由 $\{y_1, y_2, y_3, \cdots, y_n\}$ 经信息扩散推断出,如果草原火灾指标观测值只能取 $\{u_1, u_2, u_3, \cdots, u_m\}$ 中的一个,则在将 y_j 均看作样本代表时,观测值为 u_i 的样本个数为 $q(u_i)$ 个。再令

$$p(u_i) = \frac{q(u_i)}{\sum_{i=1}^{m} q(u_i)} \tag{3-29}$$

就是样本落在 u_i 处的频率值，可以作为概率的估计值，其中 $\sum_{i=1}^{m} q(u_i)$ 为各 u_i

点上的样本数总和。从理论上讲 $\sum_{i=1}^{m} q(u_i) = m$。

显然，超越 u_i 的概率值应为 $p(u \geqslant u_i)$：

$$p(u \geqslant u_i) = \sum_{k=i}^{n} p(u_k) \tag{3-30}$$

2. 我国北方重大、特大草原火灾发生概率分析

重大、特大草原火灾对我国农牧区的生命财产造成的损失最为严重。因此，重大、特大草原火灾的管理是草原火灾管理中的重要内容。判断重大、特大草原火灾的发生概率对于草原火灾的管理具有重要意义。传统上草原火灾的概率分析主要是用草原火灾发生的频率柱状图来表示。当灾害事件样本足够大时，频率图分析代替概率分析是合理的。由于草原火灾在一定意义上也属于小样本事件，因此，本研究利用信息扩散理论来分析我国北方的重大特大草原火灾发生概率。

根据上述信息扩散方法，对我国北方重大特大草原火灾的年发生概率进行分析，得到我国北方草原火灾在不同等级水平上的发生概率（图 3-9）。通过图 3-9 发现，我国重大、特大草原火灾发生 10 次以内的发生概率很大（0.75），年发生草原火灾超过 20 次的概率已经很小（0.49）。通过将计算结果和频率计算结果进行对比分析，发现两者具有很大的相关性（$r = 0.992$）（图 3-10）。

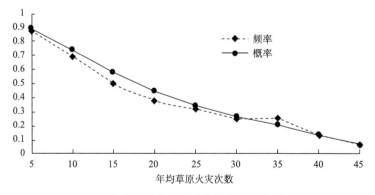

图 3-9 重大、特大草原火灾发生概率和频率图

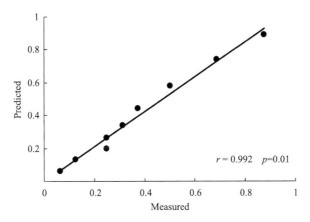

图 3-10　重大、特大草原火灾发生概率和频率对比图

3.4.2　基于信息矩阵的草原火灾次数与损失模糊关系分析

信息矩阵是对模糊函数关系识别的一种方法，尤其对于小样本事件更加有效，通过研究发现，草原火灾发生与草原火灾造成的经济损失之间并不存在一个严格的函数关系。特别是草原火灾研究样本少，这使得对草原火灾的研究更加困难。同时由于人类的干预（如经济的增长、人口密度的增加、人口流动性增加等），每年草原火灾的发生次数与草原火灾经济损失之间存在着非常模糊的关系，而有效地识别这两者之间的关系对草原火灾管理具有重要意义，因此使用信息矩阵来识别草原火灾发生次数与草原火灾损失之间的关系。

1. 构造信息矩阵

设 $H = \{(x_1, y_1), (x_2, y_2), \cdots, (x_n, y_n)\}$ 为一个给定样本，每个样本含有输入 x 和输出 y 两个因素。设输入论域为 U，$U = \{u_1, u_2, u_3, \cdots, u_j\}$，$j = 1, 2, 3, \cdots, m$。输出论域为 V，$V = \{v_1, v_2, v_3, \cdots, v_k\}$，$k = 1, 2, 3, \cdots, n$。信息分布方式用式 (3-31) 和式 (3-32) 表示。

$$q_{ijk} = \begin{cases} \left(1 - \dfrac{|u_j - x_i|}{\Delta x}\right)\left(1 - \dfrac{|v_k - y_i|}{\Delta y}\right), & |u_j - x_i| < \Delta x \ \ and \ \ |v_k - y_i| < \Delta y \\ 0, & otherwise \end{cases}$$

$$(3\text{-}31)$$

$$Q_{kj} = \sum_{i}^{n} q_{ijk} \qquad (3\text{-}32)$$

利用式（3-31）和式（3-32），可以得到在 $U \times V$ 空间上的信息矩阵（$Q = \{Q_{jk}\}_{m \times n}$）。利用信息矩阵，并结合式（3-33）和式（3-34），可以得到模糊信息矩阵（$\boldsymbol{R} = \{r_{jk}\}_{m \times n}$）。

$$\boldsymbol{Q} = \begin{array}{c} \\ u_1 \\ u_2 \\ \vdots \\ u_m \end{array} \overset{\begin{array}{cccc} v_1 & v_2 & \cdots & v_n \end{array}}{\begin{bmatrix} Q_{11} & Q_{12} & \cdots & Q_{1n} \\ Q_{21} & Q_{22} & \cdots & Q_{2n} \\ \vdots & \vdots & \vdots & \vdots \\ Q_{m1} & Q_{m2} & \cdots & Q_{mn} \end{bmatrix}} \qquad (3\text{-}33)$$

$$\begin{cases} S_k = \max_{1 \leqslant j \leqslant m} \{Q_{jk}\} \\ r_{jk} = Q_{jk}/S_k \\ R = \{r_{jk}\}_{m \times n} \end{cases} \qquad (3\text{-}34)$$

通过模糊信息矩阵（$\boldsymbol{R} = \{r_{jk}\}_{m \times n}$）可以确定各变量之间的模糊关系。它表达的是变量之间输入与输出的近似关系。利用隶属函数将各变量的模糊信息变成模糊集[138]。利用取大–取小运算，输出变量的隶属函数用式（3-35）表示。

$$\widetilde{I}_{x_i} = \bigvee_{x} \left[\mu(x_i, u_j) \wedge \boldsymbol{R} \right] \qquad (3\text{-}35)$$

式中，$\vee$ 为取大运算；$\wedge$ 为取小运算，操作符"$\wedge$"可以用公式 $\mu(e_i) = \min\{1, \sum \mu(x_i) r_{ij}\}$ 来表达；$\boldsymbol{R}$ 为模糊信息矩阵；$\widetilde{I}_{x_i}$ 为模糊输出结果；$\mu(x_i, u_j)$ 为一维线性信息分配公式。设定 $X = \{x_1, x_2, x_3, \cdots, x_m\}$ 为给定样本，$U = \{u_1, u_2, u_3, \cdots, u_m\}$ 为选择框架区间，$\Delta = u_j - u_{j-1}$，$j = 2, 3, \cdots, m$。其中 $x \in X$，$u \in U$，一维信息分配公式如式（3-36）所示。

$$\mu(x_i, u_j) = \begin{cases} \left(1 - \dfrac{|u_j - x_i|}{\Delta}\right), & |u_j - x_i| < \Delta \\ 0, & \text{otherwise} \end{cases} \qquad (3\text{-}36)$$

式（3-36）是经过模糊近似推理的隶属度的模糊集。由于在决策分析中，通过信息扩散，信息被分配到各个变量中，所以利用式（3-37）进行信息集中。

$$A_{x_i} = \sum_{k=1}^{n} \widetilde{I}_{x_i}^{\alpha} \cdot v_k \Big/ \sum_{k=1}^{n} \widetilde{I}_{x_i}^{\alpha} \qquad (3\text{-}37)$$

式中，$\tilde{I}_{x_i}$ 为模糊信息分布；v_k 为控制点；α 为常量，一般情况下 $\alpha = 2$；A_{x_i} 为模糊推理值。

2. 年过火面积预测

根据信息矩阵计算方法，设 X 为年重大、特大草原火灾次数，Y 为年过火面积。

$X = \{35，38，19，42，45，28，18，13，10，20，14，6，9，5，4，3\}$

$Y = \{32.4，68.9，41.9，129.0，52.0，138.4，43.0，27.4，\cdots，4.74\}$

$$H = \{X，Y\}$$

相应地，在此假设年重大、特大草原火灾次数控制点的论域为 U，年过火面积控制点的论域为 V，年重大、特大草原火灾次数的一般在 3～45 范围内，因此选取 $U = \{5，10，15，\cdots，45\}$ 9 个控制点，步长为 $\Delta = 5$。年过火面积的控制点空间为 $V = \{10，20，30，\cdots，140\}$，步长为 $\Delta = 10$。

利用两个因子的观测值和信息扩散公式，两个因子之间模糊矩阵关系可以计算如下：

$$\boldsymbol{Q} = \begin{array}{c} \\ 5 \\ 10 \\ 15 \\ \vdots \\ 45 \end{array} \begin{array}{cccccc} 10.0 & 20.0 & 30.0 & \cdots & 140.0 \\ \begin{bmatrix} 1.63 & 0.00 & 0.30 & \cdots & 0.00 \\ 1.06 & 1.08 & 0.44 & \cdots & 0.00 \\ 0.54 & 0.41 & 0.89 & \cdots & 0.00 \\ \vdots & \vdots & \vdots & \vdots & \vdots \\ 0.00 & 0.00 & 0.00 & \cdots & 0.00 \end{bmatrix} \end{array}$$

$$\boldsymbol{R} = \begin{array}{c} \\ 5 \\ 10 \\ 15 \\ \vdots \\ 45 \end{array} \begin{array}{cccccc} 10.0 & 20.0 & 30.0 & \cdots & 140.0 \\ \begin{bmatrix} 1.00 & 0.00 & 0.00 & \cdots & 0.00 \\ 0.65 & 1.00 & 0.33 & \cdots & 0.00 \\ 0.33 & 0.38 & 0.50 & \cdots & 0.00 \\ \vdots & \vdots & \vdots & \vdots & \vdots \\ 0.00 & 0.00 & 0.00 & \cdots & 0.00 \end{bmatrix} \end{array}$$

利用上面的模糊信息矩阵和式（3-35），可以得到不同草原火灾次数下相应的过火面积。例如，当年发生草原火灾次数为 18 时，即 $x_i = 18$，根据式（3-36），年发生 18 次重大、特大草原火灾情况下的过火面积情况可以利用一维信息扩散公式得到（其中"＋"表示"和"的关系，分子表示隶属度，分母表示控制点）

$$\mu(18,\ u_j)=\frac{0}{5}+\frac{0}{10}+\frac{0.4}{15}+\frac{0.6}{20}+\frac{0}{25}+\frac{0}{30}+\frac{0}{35}+\frac{0}{40}+\frac{0}{45}$$

根据求小运算法则可以得到

$$e=\frac{0.13}{10}+\frac{0.21}{20}+\frac{0.80}{30}+\frac{0.77}{40}+\frac{0.20}{50}+\frac{0}{60}+\frac{0}{70}+\frac{0}{80}+\frac{0}{90}+\frac{0}{100}$$

$$+\frac{0}{110}+\frac{0}{120}+\frac{0}{130}+\frac{0}{140}$$

为了集中信息，求大运算法则定义如下：

$$\bar{e}=S_k\cdot e=(1.63\times0.13,\ 1.08\times0.21,\ 0.89\times0.80,\ \cdots,\ 0.5\times0)$$
$$=(0.21,\ 0.23,\ 0.71,\ 0.82,\ \cdots,\ 0)$$

正态化公式 $\bar{e}$，则最终的信息扩散公式如下：

$$\tilde{I}_{18}=\frac{0.27}{10}+\frac{0.28}{20}+\frac{0.87}{30}+\frac{1}{40}+\frac{0}{50}+\frac{0.19}{60}+\frac{0}{70}+\frac{0}{80}+\frac{0}{90}+\frac{0}{100}+\frac{0}{110}$$

$$+\frac{0}{120}+\frac{0}{130}+\frac{0}{140}$$

为了得到核心的信息，利用模糊推理得到年过火面积值［根据式（3-37）］。

$$A_{18}=\frac{\begin{array}{c}10\times0.27^2+20\times0.28^2+30\times0.87^2+40\times1^2+50\times0+\cdots\\+120\times0+130\times0+140\times0\end{array}}{0.27^2+0.28^2+0.87^2+1^2+0.19^2}$$

$$=34.40$$

通过上面的分析可知，对于观测值 $x_i=18$，年发生的概率约为 0.5，年过火面积最大可能为 40，其次可能为 30，年过火面积在 34.40 左右浮动。通过与传统概率方法相比，模糊风险分析能在我们进行风险评价时提供更多的信息。通过利用上述风险分析方法，本章计算了我国北方 1991～2006 年年均重大火灾次数与年均过火面积之间的一个模糊关系（图 3-11）。通过计算结果与实际观察值之间的相关分析可以看出，两者具有很好的相关性（$r=0.967$）（图 3-12）。

利用信息扩散理论进行草原火灾发生概率计算，在一定程度上避免了小样本数据对计算结果造成的影响，在分析草原火灾发生概率时具有一定的合理性。本研究根据我国 1991～2006 年草原火灾情况，对我国北方在不同水平上草原火灾

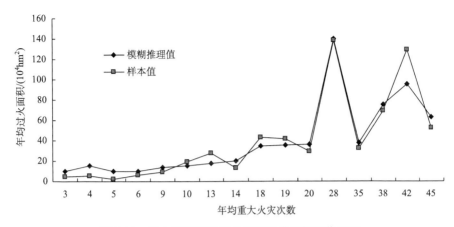

图 3-11　样本值和基于信息矩阵的模糊推理值对比

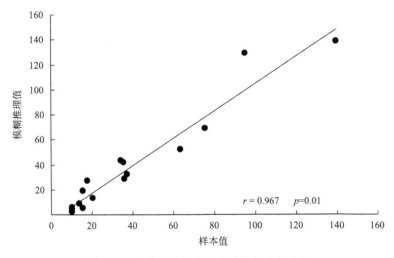

图 3-12　样本值和模糊推理值的相关性分析

发生概率进行计算。同时利用信息矩阵方法，得到我国北方草原火灾发生次数与过火面积之间的一个模糊关系，该方法可以为草原火灾灾后救助等草原火灾管理方面提供依据。

第4章 我国北方草原火行为特征分析

草原火行为研究是草原火相关研究的基础。草原火孕育、发生、发展、熄灭是草原火的一个完整过程，在这个过程中，草原火行为受到地形、气候、可燃物等综合因素的影响，因此，本章通过室内外实验研究草原起火的地理环境背景，实现滤定影响草原火灾风险的关键因子，探讨单因子和综合影响因子下对草原关键火行为参数确定；探讨风险因子之间的相互作用规律，开展防火期内的草原火行为研究，可以为草原火灾动态模拟和草原火灾风险研究提供基础。

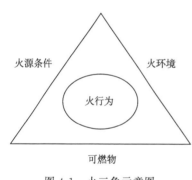

图 4-1 火三角示意图

草原火行为受燃烧过程控制。根据燃烧理论，草原火的形成有三个方面的决定因素：火源条件、可燃物、火环境（氧气、温度、湿度），其形成可以用图 4-1 表示。在自然界中，火环境是客观存在的，因此火源条件和可燃物就成为草原火发生发展的决定条件，也是产生草原火灾风险的条件。本章根据燃烧理论和"火三角"机理，围绕草原火灾的形成机理，对影响草原火的因素进行分析。

4.1 天气条件对草原火灾的影响分析

在野外自然条件下，火环境主要受天气要素影响。天气是指经常不断变化着的大气状态，是一定时间和空间内各种气象要素的总体特征，即在一个地区内，短时间的冷暖、阴晴、干旱、雨雪、风云等大气状况及其变化过程。在防火季节内，草原火灾的发生与蔓延成灾与当时火险天气类型密切相关。一般来讲，在高压控制下的地区，天气晴朗，气温升高，可燃物容易干燥，易发生草原火灾；在低压控制下的地区，容易出现阴雨，空气湿度大，可燃物含水率高，不易发生草原火灾。可见，天气形势直接影响草原火灾的发生，是草原火灾发生的重要外部条件之一。按照天气系统来讲，对于我国东北地区，当受东、西高压和蒙古、贝加尔湖气旋的控制，则表现为多发生火灾的天气条件。尤其是高压越偏西越稳定，就越容易形成发生草原火灾或者特大草原火灾的天气条件。而当华北气旋和河套气旋控制东北时，多为阴雨天，一般不发生或者很少发生草原火灾，即使发生草原火灾，也比较容易控制。

　　根据我国北方草原地区典型的草原火灾案例，选取了草原火灾发生时的多个气象要素进行统计分析（表 4-1）。统计相关分析发现，草原火灾发生受日最高气温、日最低气温、日最小相对湿度和降水等天气要素影响较大，但是各天气要素间的统计相关性都很小，这说明草原火灾发生时，人为草原火灾是主导，在人为火源干预下，天气要素对可燃物含水率的影响作用降低。虽然单一天气要素对草原火灾影响较小，但是当出现多个极端天气要素组合情况时，往往会出现重特大草原火灾，因此可以组合天气要素进行草原火灾的气象危险性分析。

表 4-1　草原火灾关键气象要素统计相关分析

	平均气温	日最高气温	日最低气温	平均相对湿度	最小相对湿度	20-20 时降水量	平均风速	最大风速	日照时数
平均气温	1.0000								
日最高气温	0.9498	1.0000							
日最低气温	0.9000	0.7750	1.0000						
平均相对湿度	−0.3654	−0.3901	−0.1993	1.0000					
最小相对湿度	−0.3823	−0.4838	−0.1977	0.8385	1.0000				
20-20 时降水量	−0.0184	−0.0747	0.0823	0.4906	0.5475	1.0000			
平均风速	0.0648	0.0058	0.1806	−0.3460	−0.2716	−0.1045	1.0000		
最大风速	0.0979	0.0852	0.1712	−0.3191	−0.3339	0.0049	0.8168	1.0000	
日照时数	0.1914	0.2716	−0.0307	−0.2895	−0.5130	−0.4604	−0.2004	−0.1846	1.0000

4.1.1　水分条件对草原火灾的影响

　　水分条件主要分为降水量和空气相对湿度。从云中降落到地面上的液态或固态水的滴粒称为降水。降水的形式主要有雨、雪、雹、霜、露、雾、雾淞等。一般来说，草原火灾的发生主要是由死的细小可燃物点燃而引起的，在防火期，降水量会直接影响细小可燃物含水率的变化，降低可燃物和地面的温度，从而影响到可燃物着火的难易程度和蔓延速度，以及草原火的大小和强弱。

降水量直接影响着细小可燃物（特别是死可燃物）含水率的变化。一般来讲，日降水量 2～5mm 时，能降低可燃物的燃烧性；大于 5mm 时，能使地面积可燃物吸水达到饱和状态，较难发生火灾。降雪能增加植被的湿度，又能覆盖可燃物，使之与火源隔绝，阻碍草原火灾的发生。其他如霜、露、雾等平流降水，对可燃物的湿度也有一定影响，可以降低细小可燃物的可燃性。在我国北方 11 月末和 3 月初，这期间由于降雪覆盖，草原火灾发生相对较少。如果没有降雪，草原火灾发生概率仍然很大。

相对湿度是用来表示空气中水汽含量多少或表征空气干湿程度的物理量。相对湿度可以定义为在一定温度下，空气中实际水汽压与该温度时饱和水汽压的百分比。相对湿度越大，表示空气越潮湿；相对湿度越小，表示空气越干燥。当 $R<100\%$ 时称为未饱和状态；当 $R=100\%$ 时称为饱和状态。一天之中，早晚相对湿度大，白天相对湿度小，主要原因是受日光照射后，空气中的水分被蒸发掉。相对湿度的变化能直接影响可燃物的含水率，特别是细小可燃物的含水率，当空气干燥，相对湿度小时，可燃物中的水分向外蒸发；而当空气湿度大时，可燃物要从大气中吸收水分，因此相对湿度的大小直接影响细小可燃物的含水率，影响草原火灾发生，当相对湿度达到 $75\%～80\%$ 时，不易发生火灾。但如果长期不下雨，即使短期内相对湿度达 $80\%～90\%$，也可能发生火灾。通过案例分析发现，日相对最小湿度大于 59% 就很少发生草原火灾。日均平均相对湿度在 $17\%～59\%$ 范围内时发生草原火灾频率最大，日最小相对湿度在 18% 左右时草原火灾发生的频率最大。根据帕雷托法则，80% 的草原火灾发生时，日平均相对湿度≤51%，日最小相对湿度≤26%（图 4-2 和图 4-3）。对于地表可燃物含水率对草原火灾的影响，当表面的可燃物含水率超过 25% 时不燃烧，$25\%～19\%$ 时最低可燃，$18\%～14\%$ 时低度可燃，$13\%～11\%$ 时中度可燃，$10\%～8\%$ 时高度可燃，不足 7% 时极度可燃状态，它们的关系是含水率越高可燃性越低，相反就越高。

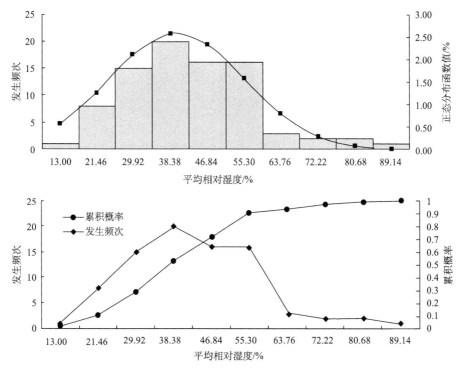

图 4-2　平均相对湿度对草原火灾的影响

4.1.2　温度对草原火灾的影响

　　气温是用来表示大气冷热方式的物理量，它是指距离地面 1.5 米高处的空气温度，气温常用摄氏度来表示。气温的高低随地球表面太阳辐射的强弱而改变。气温与火险天气有直接关系，它直接影响草原火灾的发生发展。日最高气温往往是某一地区着火与否的主要指标。气温能直接影响相对湿度的变化，气温高，相对湿度就小。气温升高可促进可燃物的水分蒸发，加速可燃物的干燥（特别是死的细小可燃物），提高了可燃物本身的温度，使可燃物达到燃点所需热量大为减少。

　　各地区气温的高低对火灾的发生有不同影响。一般情况下，温度越高，可燃物越干燥，越容易发生火灾。在炎热的高温夏季却不发生火灾，这主要是因为夏季为雨季，植物生长旺盛，体内含有大量水分不易燃烧。若发生伏旱高温，由于

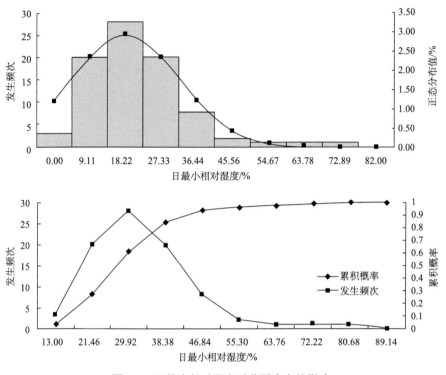

图 4-3   日最小相对湿度对草原火灾的影响

地下腐殖质层的存在，也有可能发生火灾。我国北方草原地区春季为火灾季节，一般随气温升高，火灾次数增多，但温度升高到一定程度时火灾又开始下降，主要原因是随气温升高植物进入生长期，返青后体内水分增加，不易发生火灾。有资料对东北地区的火灾统计表明，在春防时期，月平均气温在−10℃以下时，一般不发生火灾，−10～0℃时可能发生火灾，这期间主要是秋末到春初这一阶段，降雪造成火灾较少；0～10℃时，发生火灾的次数最多，这正是东北林区雪融、风大的干旱季节；10～15℃时草木复苏返青，火灾次数逐渐减少；15～20℃，植物生长旺盛，火灾不易发生。通过统计资料表明，当日平均气温在10℃左右时、日最高气温在20℃左右时草原火灾发生频率最高。根据帕雷托法则，80%的草原火灾发生时，日平均气温≤13℃，日最高气温≤22℃（图 4-4 和图 4-5）。

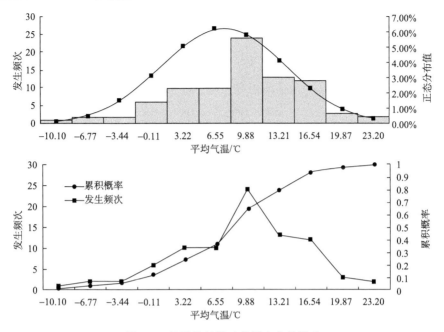

图 4-4　日平均气温对草原火灾的影响

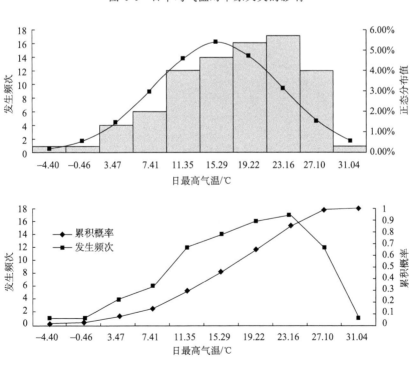

图 4-5　日最高气温对草原火灾的影响

4.1.3　风对草原火灾的影响

空气在水平方向上的运动称为风。风也是火灾发生的重要因素，风影响草原火主要从 3 个方面：①加速可燃物水分的蒸发促进干燥，促进枯树落叶快速吹干，特别是干热风，直接导致可燃物水分下降，有助于燃烧；②补充火场的氧气，使火烧得更旺更快；③使小火扩大，并能使死灰复燃。特别是火灾发生以后，火势主要向下风方蔓延，这时如果遇上大风，燃烧的火团往往烧向林区，造成森林火灾，给人民生命财产造成重大损失。所以风是草原火灾发生诸因子中最主要的因子。在降雨后的几小时内，由于风的作用，枯草很快就干燥，一有火源，就能着火。风速越大火灾发生次数就越多，火烧的面积也就越大。特别是在连旱、高温的天气条件下，风是影响火灾次数和大小的最重要的因子。通过对草原火灾发生时，日平均风速和日最大风速的统计可知，当风速为 3.5m/s 左右时，草原火灾发生的频率最高；当日最大风速达到 7.2m/s 时，草原火灾发生的频率最高。80% 的草原火灾发生时，日平均风速≤4.9%，日最大风速≤11%（图 4-6 和图 4-7）。

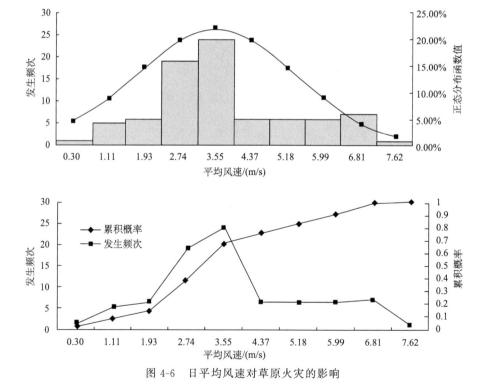

图 4-6　日平均风速对草原火灾的影响

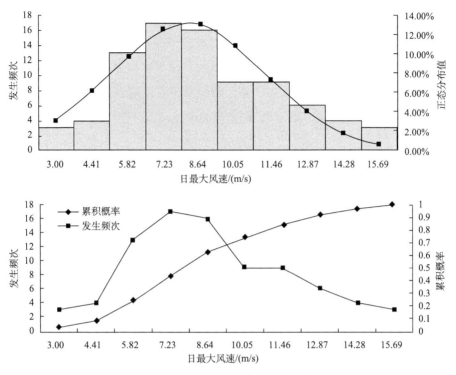

图 4-7　日最大风速对草原火灾的影响

4.1.4　干旱对草原火灾的影响

干旱特别是气象干旱是影响草原火发生的重要因素之一。连续干旱是指连续没有发生降水的天气，一般按天数计算。连续干旱的天数对近期火灾发生有着直接的影响。一般连续干旱天数长，气温超高，地被物也越干燥，越容易发生火灾或大火灾。干旱形成的原因很多，主要有大气干旱、土壤干旱、生理干旱等，因此对于干旱描述的指标很多。在 19 世纪后期和 20 世纪初，干旱指数研究集中于某一时段的正常降水百分率，降水小于某一阈值的连续天数，以降水和温度为变量的公式和以持续降水短缺作为因子的各种模式。为了评价干旱对火灾的影响情况，Keetch 和 Byram[139] 提出一个基于水平衡模式分析中的降水和土壤水分干旱表达指数用于的火灾隐患评估，这个指数被称为 K-B 干旱指数（Keetch-Byram Drought Index）。K-B 干旱指数是基于输入的气象参数，通过对上层土壤和枯枝落叶层失水量估计值估计潜在火险，它是一个潜在火险的早期预警工具。长期的干旱使得可燃物含水率降低而更易于燃烧，同时干旱使得土壤中上层的有机质干燥，扑火难度增加。由于草原植被截留和森林截留存在很大区别，降雨开始时，最初一部分雨量被植物枝叶所截留，在微雨的情况下截留量可达 3mm 左右。超过植物截留量才落于地面，开始被土壤吸收。本研究设定草原降水截留为 3mm。

假设 DSLR＝0（当日有降水），降水量大于 3mm，则

$$DBKDI = 3 - LR$$

否则

$$DBKDI = 0$$

如果 DSLR≠0（当日无降水），则

$$DBKDI = (800 - BKDI) \times \{0.968 \times Exp[0.0486 \times (TEMPY \times 9/5 + 32)] - 8.3\}$$
$$\times 0.001/[1 + 10.88 \times Exp(-0.0441 \times ANNRF/25.4) \times 0.254]$$

$$BKDI = BKDI + DBKDI$$

式中，BKDI 为干旱指数；LR 为上次降水量（如果降水超过一天，应为整个过程的降水）；TEMPY 为前一日最高温度（℃）；ANNRF 为该站的年均降水量（mm）；DSLR 为距离上次降水的日数；DBKDI 为根据上一日天气条件计算的 BKDI 增量。K-B 干旱指数只考虑了日最高气温和年降水量对地表可燃物干旱程度的影响，没有考虑风速等因素。本研究利用一周出现 5cm 降水量来对模型进行初始化，K-B 干旱指数的变化范围为 0～800，其中 0 表示极度湿润，800 表示极度干旱[139-140]。以锡林郭勒盟东乌珠穆沁旗为例（1990 年 7 月 9 日～2006 年 12 月 30 日），干旱指数计算如图 4-8 所示。以 2005 年为例，4 月 15 日～5 月 15 日，锡林郭勒盟东乌珠穆沁旗发生 2 起草原火灾事件，当时草原区 K-B 干旱指数为 750。

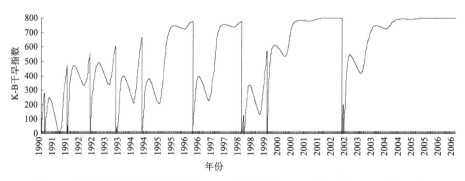

图 4-8　锡林郭勒盟东乌珠穆沁旗 K-B 干旱指数（1990 年 7 月～2006 年 6 月）

4.2　可燃物特征对草原火灾的影响分析

可燃物是影响草原火灾发生的必要条件。草地可燃物主要有地表植物和动物粪便（主要是家畜粪便）两大类，草地上的枯黄植物是草地火灾最重要的可燃物，是草原火灾燃烧的主体[141]。草原可燃物的燃烧特性和可燃物特征有密切关系。影响草原可燃物燃烧特性的因素很多，主要有可燃物类型、可燃物量、可燃物含水率、可燃物密度等。

4.2.1　可燃物含水率对起火影响分析

草原可燃物含水率是描述草原火的一个重要指标，是影响草原火灾发生的重要因素之一，它主要描述了可燃物持水能力、含水率变化率等。超过一定含水率的可燃物对于草原火灾具有阻燃作用。可燃物含水率变化规律的研究对于预测草原火灾发生和控制其蔓延都具有重要意义。可燃物含水率计算主要利用两种方法：时滞法和统计回归分析法。

时滞是衡量可燃物含水率变化速度的指标。它是由美国物理学家 Byram 于 1963 年提出的，是指可燃物达到平衡状态散失 63.2% 的水分所需要的过渡时间[142]。国外通常将可燃物划分成 3 类：

（1）1h 时滞可燃物-凋落物层，直径<0.5cm 的小枝，树叶和杂草。

（2）10h 时滞可燃物-半分解层，直径 0.6～2.5cm 的小树枝。

（3）100h 时滞可燃物-直径为 2.6～7.5cm 的木棍。

时滞同时反映了可燃物的燃烧性，即可燃物的时滞越短，则越容易燃烧。可燃物时滞与其直径有关系，可燃物直径越细，可燃物时滞越短[143]。有研究表明[145]，可燃物含水率的瞬间变化与可燃物的含水率和平衡含水率有关。其中可燃物含水率计算公式为

$$E_t = (M_湿 - M_干)/M_干 \tag{4-1}$$

式中，E_t 为 t 时刻可燃物含水率；$M_湿$ 为湿可燃物质量；$M_干$ 为干可燃物质量。因此，可燃物含水率变化可以表示为

$$\frac{dM_t}{dt} = k(E_t - M_t) \tag{4-2}$$

$$k = \frac{1}{\tau} \tag{4-3}$$

将方程离散化

$$\frac{\mathrm{d}M_t}{\mathrm{d}t} = \frac{M_{t+1} - M_t}{\Delta t} \tag{4-4}$$

令 $\Delta t = 1$

$$M_{t+1} = (1-k)M_t + kE_t \tag{4-5}$$

式中，E_t 为可燃物在 t 时刻的平衡含水率（%）；M_t 为可燃物 t 时刻的含水率（%）；M_{t+1} 为可燃物 $t+1$ 时刻的含水率（%）；τ 为时滞。对于草原可燃物平衡含水率可以通过室内外观测实验获得。本研究通过测定不同天气条件下的可燃物平衡含水率，统计得到气象因子与草原可燃物平衡含水率之间的相关关系，如表4-2 所示。

表 4-2　可燃物平衡含水率与气象因子的统计关系

	大气温度	相对湿度	风速	平衡含水率
大气温度	1			
相对湿度	−0.7420	1		
风速	0.5703	−0.6477	1	
平衡含水率	−0.4238	0.2404	−0.1742	1

利用最小二乘法将气象因子中的大气温度、相对湿度和日平均风速进行统计分析，得到草原可燃物平衡含水率的气象测定公式：

$$y = 9.961556 - 0.155543x_1 + 0.020451x_2 - 0.406567x_3 \quad (R^2 = 0.128\ 616) \tag{4-6}$$

式中，y 为可燃物平衡含水率；x_1、x_2 和 x_3 分别为大气温度、相对湿度和风速。通过可燃物含水率的计算公式可以看出，当时间分辨率很小时（$\Delta t \rightarrow 1$）（1h 内变化），可燃物的含水率就等于可燃物的平衡含水率。所以对于草原上直径很小的细小可燃物，其含水率和平衡含水率基本相同。

　草原可燃物受大气降水的影响较大，且关系复杂。当多日无降水情况下，野外可燃物含水率测定实验证明，可燃物含水率变化与大气温度、空气相对湿度、风速有密切关系。如果天气温度高、风速大、空气比较干燥，就会形成气象干旱。草原上的各种可燃物的含水率随干旱逐渐减小，形成一点即燃的状态，给草原火灾提供了极其有利的燃烧条件。因此，可以利用统计方法得到可燃物的含水率大小。例如，Nelson 利用统计数据建立了基于温度和相对湿度的可燃物含水率模型来回归草原可燃物含水率大小[144]。

可燃物含水率（FMC）是草原火灾风险中重要的影响因子，它直接影响草原起火难度和传播速度。可燃物含水率不同，其易燃程度不同，其引燃需要的火源也存在差别（表 4-3）。

表 4-3 可燃物含水率与火源的关系[145]

可燃物含水率	可以引燃的热量
$<6\%$	机车飞出的火星
8%	点着的香烟头
17%	点燃的火柴
26%	篝火

可燃物含水率还影响着草原火的特征参数，利用东北师范大学长岭生态实验站，以羊草为例，通过实验得到不同可燃物含水率与草原火特征参数的统计关系如下：

$$\begin{cases} y_1 = 0.207\,100 - 0.002\,492x_1 + 0.000\,359x_2 (R^2 = 0.655\,77) \\ y_2 = 0.435\,267 - 0.008\,884x_1 + 0.001\,355x_2 (R^2 = 0.868\,85) \\ y_3 = 0.177\,138 - 0.003\,033x_1 + 0.000\,462x_2 (R^2 = 0.765\,859) \\ y_4 = 0.201\,148 - 0.008\,482x_1 + 0.001\,274x_2 (R^2 = 0.784\,998) \end{cases} \quad (4\text{-}7)$$

式中，x_1 为可燃物含水率（%）；x_2 为可燃物量（g/m^2）；y_1、y_2、y_3、y_4 分别为火速、火高、火长、火深。

4.2.2 可燃物特征与火行为参数关系

为了研究可燃物量对火速、火高、火长和火深的定量关系，本研究通过室内可控实验，设定在无风条件下，通过定量控制单位面积上可燃物量的变化，实现测定可燃物量的变化对草原火形参的确定。由于可燃物量 50g/m^2 是草原火蔓延的阈值量，本研究在铺设可燃物时，通过梯度增加可燃物量达到控制可燃物量的目的。

通过实验发现，在无风条件下，草原火速度与可燃物量呈线性增加，当可燃物量达到 $450g/m^2$ 时，随着可燃物量的增加，草原火传播速度将会降低。这主要是由于当可燃物量低于 $450g/m^2$ 时，随着可燃物量增加，燃烧释放的热量增加，热量的传导速度快，导致草原火速度加快；当可燃物量增加到一定程度时，可燃物燃烧需要的氧气增加，而可燃物接触面上的氧气由于可燃物的增加而减少，同时可燃物量的增加也需要更多的热量来促进其燃烧，因此导致燃烧速度减慢。但是可燃物量的增加可导致草原火高度、火头长度、火深都呈线性增加（图4-9）。

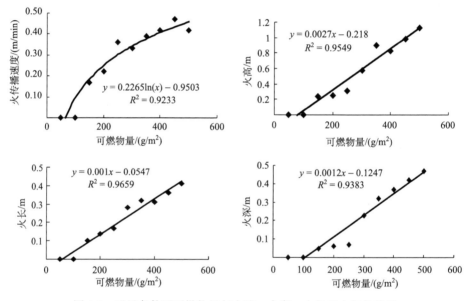

图 4-9　无风条件下可燃物量与火速、火高、火长和火深的关系

可燃物床密度和可燃物连续度都在一定程度上影响草原火速度的大小。通过实验发现，可燃物床密度和可燃物量对草原火传播速度影响的方式很像，当可燃物床的密度低于 $5500g/m^3$ 时，火速随可燃物密度的增加而增加；当可燃物密度超过 $5500g/m^3$ 时，草原火速度几乎不再随可燃物密度的增加而增加。

通过对可燃物连续度分析可知，当可燃物的连续度低于 43%，草原火几乎不会成灾，这时的草原火传播速度很慢。随着可燃物连续度的增加，草原火速度呈线性增加；当可燃物的连续度大于 80％时，草原火的传播速度几乎不受可燃物连续度的影响（图 4-10 和图 4-11）。

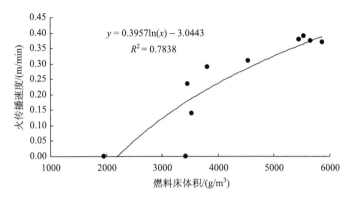

图 4-10　可燃物床体积密度与火速之间的关系

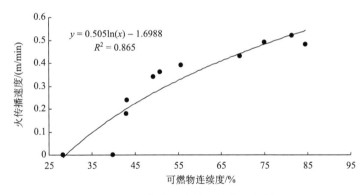

图 4-11　可燃物床连续度与火速的关系

4.2.3　可燃物的火强度

火强度是火行为重要标志之一，草原可燃物燃烧时整个火的热量释放速度称为火强度。可燃物不同，火强度不同，火强度包括火线强度和发热强度。火线强度又称 Byram 强度，是指火峰在单位时间内单位火线长度上所释放的热量。其计算公式为

$$I_l = Hwr \tag{4-8}$$

式中，I_l 为火线强度 [kJ/(s·m)]；H 为可燃物热值（kJ/kg）；w 为有效可燃物量（kg/m²）；r 为头火传播速度（m/s）。热值（calorific value）又称卡值或发热量，是指单位质量（或体积）的燃料完全燃烧时所放出的热量。利用东北师范大学长岭生态实验站，我们测得几种典型草类的可燃物热值（表 4-4）。我国北方典型草原的可燃物的热值范围为 16～19kJ/g。其中，东北地区内蒙古典型草原不同群落内热值如表 4-5 所示[146]。

表 4-4　我国北方草原典型草种立枯体的热值（kJ/g）

种名	平均热值
羊草	17.655 ± 0.225
碱茅	16.849 ± 0.599
拂子茅	17.552 ± 1.020
虎尾草	16.980 ± 0.992

表 4-5　东北地区内蒙古典型草原不同群落内热值比较（kJ/g）

层次	乔木	灌木	草本
平均热值	20.29	20.00	19.08

发热强度（I_s）是指单位面积上单位时间发出的热量。其计算公式为[147]

$$I_s = \frac{Hw}{t} \qquad (4\text{-}9)$$

式中，I_s 为发热强度 [kJ/(m²·s)]；w 为单位面积内可燃物的质量（kg/m²）；H 为可燃物平均发热量（kJ/kg）；t 为燃烧持续时间（s）。

4.3　不同火环境下的火行为分析

主要通过室内外点火实验，研究可燃物量、可燃物体积、可燃物连续度、可燃物含水率、地形、空气温度、相对湿度、风速等因子对草原火行为的影响。本研究主要揭示各影响因子对草原火行为参数影响的定量关系。

4.3.1　天气条件对草原火灾传播速度影响分析

影响草原火灾蔓延速度的因素很多，主要有大气温度、相对湿度、风速等。本研究通过对野外点火实验，确定天气条件对草原火传播速度的影响关系。本研究通过收集 35 次野外点火实验数据，并对这些数据进行相关分析发现：当可燃物点燃后，风速对草原火传播速度的影响较大，大气温度、相对湿度影响作用较小；其影响贡献率大小排序为：风速＞大气温度＞大气相对湿度（表 4-6）。

表 4-6　不同天气条件下气象要素、可燃物特征对草原火灾传播速度相关分析

	大气温度	相对湿度	风速/(m/min)	可燃物含水率/%	可燃物总量/(g/m²)	可燃物床高度/m	火速/(m/min)
大气温度	1.0000						
相对湿度	0.0330	1.0000					
风速/(m/min)	−0.4847	0.0520	1.0000				
可燃物含水率/%	−0.1589	0.0971	−0.0682	1.0000			
可燃物总量/(g/m²)	−0.3715	−0.3035	0.4478	−0.2895	1.0000		
可燃物床高度/m	−0.2833	−0.6337	0.0629	0.0351	0.6444	1.0000	
火速/(m/min)	0.3804	−0.1687	0.7368	−0.1077	0.4911	0.2009	1.0000

4.3.2　地形对草原火传播速度影响分析

为了研究地形对草原火传播速度的影响，本研究在实验室内通过对人工调整可燃物量和燃烧床的坡度来实现。本研究是在室内无风条件下实现的。通过研究发现，在可燃物承载量不变的情况下，随着地形的增加，草原火传播速度逐渐增加。地形对草原火传播速度的影响随着可燃物量的增加影响不大（图 4-12）。

4.3.3　综合因素影响下的草原火蔓延速度分析

国内外对于野火蔓延速度的研究很多，其中主要的野火蔓延速度模型有美国 Rothermel 模型、澳大利亚的 McArthur 模型、加拿大林火蔓延模型和我国的王正非林火蔓延模型。

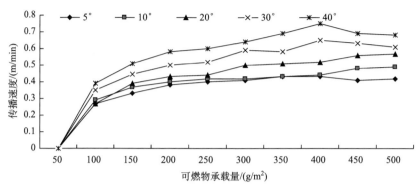

图 4-12　地形对草原火传播速度的影响

1. 美国 Rothermel 模型

其公式为

$$R = \frac{I_R \xi}{\rho_b \varepsilon Q_{ig}}(1 + \varphi_w + \varphi_s) \tag{4-10}$$

式中，R 为林火蔓延速度（m/min）；I_R 为火焰区反应强度 $[\mathrm{kJ/(min \cdot m^2)}]$；$\xi$ 为林火蔓延率；φ_w 为风速修正系数；φ_s 为坡度修正系数；ρ_b 为可燃物密度（$\mathrm{kg/m^2}$）；ε 为有效热系数；Q_{ig} 为点燃单位质量的可燃物所需的热量（kJ/kg）。

　　Rothermel 模型应用时的限制条件包括：①野外的可燃物是比较均匀，即可燃物复合体内没有直径大于 8cm 的颗粒；②用了“似稳态”概念；③模型研究的是火沿地表蔓延的情况，消耗的可燃物是地表以上 1.8m 范围以内的可燃物；④模型假设林火沿地表平稳蔓延，与火源没有任何关系；⑤假设模型在预报期间内，可燃物的含水率、风、坡度、坡向等因子不变；⑥当可燃物的含水率高于 35% 时，模型失效。

2. 澳大利亚 McArthur 模型

其公式为

$$R = 0.13F \tag{4-11}$$

$$\begin{cases} F = 3.35We^{-0.0897M+0.0403V} & M < 18.8\% \\ F = 0.299We^{(-1.686M+0.0403V) \times (30-M)} & 18.8\% \leqslant M \leqslant 30\% \end{cases} \tag{4-12}$$

式中，R 为火蔓延速度（km/h）；F 为火险指数（无因次量）；W 为可燃物负荷量（t/hm²）；M 为可燃物含水率（%）；V 为 10m 高处平均风速；e 为自然对数。

对于草地和桉树林地，分别给出了 F 火险指数的计算公式。这个模型不仅可以报火险天气，而且可以预报一些火行为参数。但是此模型仅适合草地和桉树林地，对于我们国家的南方地区有一定参考价值。

对于草地，McArthur 的基本方程为

$$R = 0.13F \tag{4-13}$$

式中，R 为较平坦地面上的火蔓延速度（km/h）；F 为火险指数。

对于草地，F 具有如下形式：

$$F = 2.0\exp(-23.6 + 5.01\ln B + 0.0281T_a - 0.226H_a + 0.633U^{0.5})\tag{4-14}$$

式中，B 为可燃物的处理情况；T_a 为气温；H_a 为相对湿度；U 为在 10m 高处测得的平均风速。

3. 加拿大林火蔓延模型

加拿大林火蔓延模型是加拿大火险等级系统（CFFDRS）采用的方法。根据加拿大可燃物特点将其分为五个大类和十六个小类，通过实验数据的采集，总结出可燃物的蔓延速度方程。针叶林的初始蔓延速度方程为

$$\text{ROS} = a \times [1 - e^{-b \times \text{ISI}}]^c \tag{4-15}$$

式中，ROS 为可燃物蔓延速度（m/min）；ISI 为初始蔓延指标；a、b、c 分别为不同可燃物类型的参数。

$$\text{ISI} = 0.208 f(w) f(F) \tag{4-16}$$

$$f(w) = e^{0.05039w} \tag{4-17}$$

$$f(F) = (91.9e^{-0.138m})(1 + m^{5.31}/4.93 \times 10^{-7}) \tag{4-18}$$

式中，ISI 为初始蔓延指标；$f(w)$ 为风速函数；$f(F)$ 为细小可燃物湿度码函数；w 为中午风速；m 为细小可燃物含水率。

加拿大模型属于统计模型，它不考虑火行为的物理性质，而是通过收集、测量和分析实际火场和模拟实验数据，建立模型和公式。其特点是能方便、形象地认识火灾的各个分过程和火灾的全过程，能成功地测试火参数相似情况下的火行

为，能较为充分地揭示林火这一复杂的规律。它的缺点是当实际火情和实际不符时，模型的精度会降低。

4. 王正非的林火蔓延模型

王正非把他的模型化为五层密度不同的叠合体。由上至下为泥炭层、腐殖质层、杂草和枯枝落叶层、树干灌木层以及林冠层。从这种复合体中切出横截面为1m，高为1m的立方体中的可燃物作为计量单位。其最初的蔓延速度模型为

$$R = R_0 K_s K_w / \cos\varphi \tag{4-19}$$

修正模型是

$$R = R_0 K_s K_w K_\varphi \tag{4-20}$$

式中，R_0 为初始的蔓延速度；K_s 为可燃物配置格局更正系数；K_w 为风力更正系数；K_φ 为地形坡度更正系数。对于连续性草原，K_s 取值为 1，不连续草原为 0。

本研究吸收了以上草原火蔓延速度模型并进行了改进。首先，通过野外实验，确定在平原区草原无风时的草原火的初始蔓延速度模型；其次通过测定无风时在一定坡度时草原火蔓延速度，从而确定地形对草原火蔓延速度的影响；再次通过测定平原区不同风速条件下的草原火蔓延速度，从而确定风速对草原火蔓延速度的影响；最后通过平行四边形矢量叠加发展确定草原火灾蔓延速度和方向。以平地上火的传播速度为 1，通过对不同坡度上的上坡火和下坡火速度测定（图4-13），得到坡度对草原火的增益速度 R_t 公式为

$$R_t = e^{1.005\tan(\varphi)0.6696}，\ r^2 = 0.9879（上坡） \tag{4-21}$$

$$R_t = e^{0.4601\tan(\varphi)0.383}，\ r^2 = 0.9606（下坡） \tag{4-22}$$

式中，φ 为地形与草原火速度的夹角（0°~180°）。

本研究通过对地形平坦、不同风速条件的草原火速测试，得到风速对草原火速的影响关系，如图 4-14 所示。

根据实验数据，得到风速对草原火的增益速度公式 R_w 为

$$R_w = e^{0.2015v\cos(\phi)}，\ r^2 = 0.9842 \tag{4-23}$$

式中，v 为风速；ϕ 为草原火速度与主风向的夹角（0°~180°）。把草原火发生的空间看成是欧式空间，风速和地形对草原火的增益速度为两个矢量，则它们遵循矢量叠加法则。因此，当风速和地形条件的影响同时存在时，草原火的传播方向

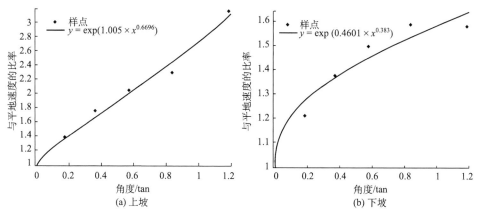

图 4-13　坡度对草原火速度的影响

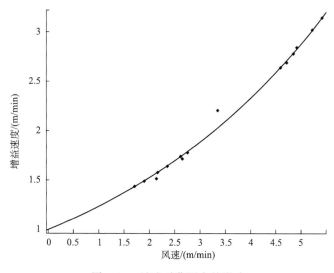

图 4-14　风速对草原火的影响

和传播速度的确定方法利用平行四边形矢量叠加法则（图 4-15）。

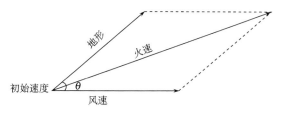

图 4-15　风速和地形综合影响下的草原火传播速度和方向

草原火蔓延速度的公式可以表示如下：

$$R = \begin{cases} cR_0\vec{R}_w & v \neq 0, \ \varphi = 0 \\ cR_0\vec{R}_t & v = 0, \ \varphi \neq 0 \\ cR_0\vec{R}_{wt} & v \neq 0, \ \varphi \neq 0 \end{cases} \tag{4-24}$$

式中，R 为草原火蔓延速度（m/min）；c 为可燃物连续度；R_0 为初始蔓延速度（m/min）；v 为风速（m/s）；φ 为地形坡度；$\vec{R}_{wt}$ 为风速和地形对草原火的增益速度，其中 $\vec{R}_{wt} = (\vec{R}_w + \vec{R}_t) = \sqrt{R_w{}^2 + R_t{}^2 + 2R_wR_t\cos(\theta/2)}$。

通过上述的野火蔓延速度计算模型可以看出，目前大多数野火蔓延速度模型主要针对森林可燃物，对于草原火蔓延模型较少，根据我国草原可燃物特点，本研究在总结国内外的草原火蔓延速度基础上，得到草原火灾蔓延速度公式。通过野外点火实验，草原火初始传播速度与各因子之间的关系公式如下：

$$\begin{cases} U_{f_1} = 0.1910\mathrm{e}^{-(0.072\,97T + 0.024\,93H - 0.854\,93U_w - 0.022\,25M - 0.000\,15FL)} + 6.232\,14, & FL \geqslant 50 \\ U_{f_2} = 0, & FL < 50, \ (R = 0.8283, \ F = 9.832, \ P < 0.001) \end{cases}$$

$$\tag{4-25}$$

式中，U_f 表示初始传播速度（m/min）；T、H、U_w、M 和 FL 分别表示温度（℃）、相对湿度（%）、风速（m/min）、可燃物含水率（%）和可燃物承载量（g/m²）。对于大面积的草原可燃物承载量计算，可采用 NDVI 值进行草原可燃物量反演［见第 2 章式（2-10）］。

对于公式中的连续度，本研究利用生长期植被 NDVI 来获得。由于可燃物生长期长势好，可燃物的盖度大，可燃物的连续度就高。当植被进入枯草期时，可燃物的连续度高。因此对于可燃物连续度，其计算公式如下

$$c = (\mathrm{NDVI} - \mathrm{NDVI}_{\min})/(\mathrm{NDVI}_{\max} - \mathrm{NDVI}_{\min}) \tag{4-26}$$

式中，c 为植被连续度（0～1）；NDVI 为植被指数；$\mathrm{NDVI}_{\min}$ 为草地稀疏区植被指数；$\mathrm{NDVI}_{\max}$ 为草地茂密区植被指数。

第 5 章   基于火行为分析的草原火灾蔓延模拟

在草原火灾风险研究中，确定草原火灾影响范围是一个进行草原火灾风险研究的重要方面。开展草原火灾蔓延模拟研究可以指导我们确定草原火灾的影响范围，确定草原火灾风险场大小。草原火行为研究是草原火灾模拟研究的基础，利用草原火行为研究结果（如草原火灾在不同火环境下的火灾蔓延速度、草原火强度等），结合相关的模拟模型，可以实现草原火灾蔓延的动态模拟。本章以草原火行为实验结果为基础，利用元胞自动机理论实现草原火灾蔓延的动态模拟。

5.1   基于元胞自动机的草原火灾蔓延模拟

元胞自动机（cellular automata，CA）也称为细胞自动机、点格自动机、分子自动机或单元自动机，是定义在一个由具有离散、有限状态的细胞组成的细胞空间上，并按照一定局部演化规则，在离散的时间维上演化的动力学系统。细胞自动机模型最早是由冯·诺依曼在 20 世纪 50 年代提出的。元胞自动机模型最初被应用在生物繁殖、晶体生长等一系列复杂动态运动中，具有很强的灵活性和开放性。随着人工生命等复杂性科学的发展，元胞自动机的应用领域迅速扩展，已成功用于许多物理系统和自然现象的模拟。

元胞自动机的构建没有固定的数学公式，构成方式繁杂，行为复杂。通常，元胞自动机模型（CA）由元胞空间、元胞的邻域模式、元胞的状态集和局部演化规则构成的四维数组，其表达式为

$$CA = (L_d，N，S，f) \tag{5-1}$$

式中，L 表示元胞空间；d 为一正整数，表示元胞自动机内元胞空间的维数，可以是一维、二维和三维，一维模型把直线分为许多相等的等份，各等份分别代表元胞，二维模型是将平面分成许多正方形、三角形、六边形网格（图 5-1）。三维模型是将空间分成许多立体的网格，其邻域结构可以是 6 邻元、18 邻元和 26

邻元三种类型；S 为元胞的有限的、离散的状态集合；N 表示一个所有邻域内元胞的组合（包括中心元胞），即包含 N 个不同元胞状态的一个空间矢量；f 为局部转换规则。

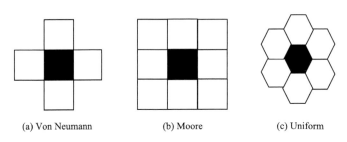

(a) Von Neumann　　　　(b) Moore　　　　(c) Uniform

图 5-1　二维元胞自动机的主要邻域类型

元胞自动机有以下特征[148-150]：

（1）同质性。在元胞空间内的每个元胞的变化都服从相同的规律，所有元胞均受同样的规则所支配。

（2）齐性。元胞的分布方式相同，大小、形状相同，地位平等，空间分布规则整齐。

（3）空间离散。元胞分布在按照一定规则划分的离散的元胞空间上。

（4）时间离散。系统的演化是按照等间隔时间分步进行的，时间变量 t 只能取等步长的时刻点。

（5）状态离散且有限。元胞自动机的状态只能取有限个离散值，在实际应用中，往往需要将一些连续变量进行离散化，如分类、分级，以便于建立元胞自动机模型。

（6）并行性。各个元胞的在每个时刻的状态变化是独立的行为，相互没有任何影响。

（7）时空局部性。每一个元胞的下一时刻的状态取决于其邻域中所有元胞的状态，而不是全体元胞。从信息传输的角度来看，元胞自动机中信息的传递速度是有限的。

在上述特征中，同质性、并行性和局部性是元胞自动机的核心特征。

5.1.1　格网定义

本研究是基于格网尺度的草原火灾实时模拟，本研究将研究区划分为一系列单元格，每一个单元格认为是一个土地图斑，每个图斑的形状为正方形，它为草原火灾的传播提供了 8 个可能的方向，如图 5-2 所示。也有一些研究者利用六边形格网作为描述土地图斑的形状，为了减少计算的复杂性，本研究选用正方形作为研究单元格。每个网格大小为 500m×500m。

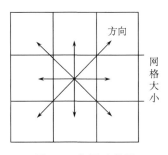

图 5-2　格网示意图

元胞自动机的网格定义完之后一个非常重要的工作就是确定网格的领域关系。通常正方形的二维元胞自动机有两种邻域：一种是 Von Neumann 邻域，由中心元胞和位于其东西南北方位的 4 个元胞组成；另一种是 Moore 邻域，它除了东西南北四个正方位的四个邻域外还包括次邻近地位于东北、西北、东南和西南方位的 4 个元胞，即八个方位角上各有一个邻域。考虑到草原火灾蔓延的实际情况，本研究采用 Moore 邻域。

5.1.2　格网状态

根据草原火灾的燃烧特征，研究将格网的状态划分为四类，这四类状态为：

状态 0：格网中没有可燃物，这样的格网主要是裸地、道路、河流等植被稀少或者没有植被的地区，这样的格网不能燃烧。

状态 1：格网中有可燃物，可燃物正在燃烧。

状态 2：格网中有可燃物，但是可燃物还没有引燃。

状态 3：格网中有可燃物，但是刚被燃烧过。

然后，每一个格网的状态被作为矩阵中元素进行编码，以后称这样的矩阵为状态矩阵（Z）（图 5-3）。其蔓延状态如图 5-4 所示。

5.1.3　演化规则

对于模拟中的每一个离散时间步长 t，下列规则被用到元素 $Z(i,j)$ 中。

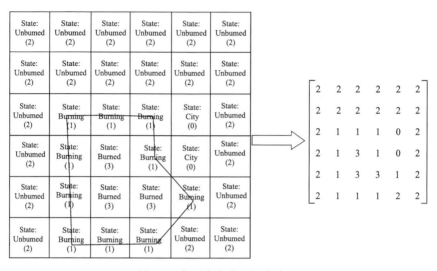

图 5-3 草原火灾蔓延矩阵编码

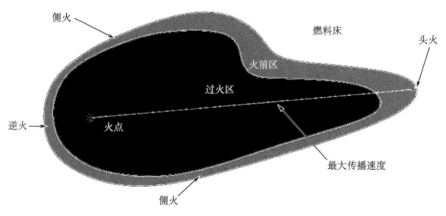

图 5-4 草原火灾蔓延示意图

规则 1：当元胞 t 时刻的状态为 1 时，即 $Z_t(i, j) = 1$，则它的下一时刻的状态也为 3，即 $Z_{t+1}(i, j) = 3$。

规则 2：当元胞 t 时刻的状态为 2 时，即 $Z_t(i, j) = 2$，则它的下一时刻的状态以一定的燃烧概率（P_b）转化为状态 1，即 $Z_{t+1}(i \pm 1, j \pm 1) = 1$。

规则 3：当元胞 t 时刻的状态为 0 时，即 $Z_t(i, j) = 0$，则它的下一时刻的状态为 0，即 $Z_{t+1}(i, j) = 0$。

5.1.4　风向和风速的影响

风向和风速对草原火灾的蔓延速度和蔓延方向都有很大影响，根据草原火行为实验，确定风向和风速对草原火灾的影响大小。根据第 4 章中草原火灾风速影响增益公式，以东向风为例，图 5-5 给出了风速 $v=0 \text{m/s}$、3m/s、10m/s 时的效果图，风向和风速对草原火灾蔓延速度的增益影响如图 5-5 所示。

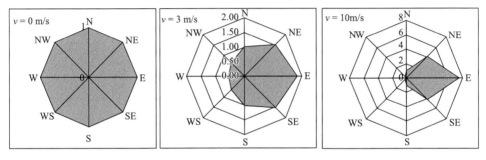

图 5-5　风向和风速对草原火灾蔓延的贡献分析

从图 5-5 可以看出，在无风条件下，草原火灾按正常速度呈圆形向外扩散，当地形平坦，草原火灾除了受风力以外不受其他外力时，火头速度基本与风向一致，火头速度增加最快；其次是侧火，垂直方向上的速度基本不受风速影响；尾火速度减慢，火场呈椭圆形向外扩散。随着风速的增加，当风速增加一定程度，头火和侧火速度都增加，尾火速度迅速减小至熄灭。

图 5-6 是在平坦地形、可燃物连续条件下的草原火蔓延情况，其中 A 为风速 $v=0 \text{m/s}$ 时的情况，B 为风速 $v=3 \text{m/s}$ 时的情况，C 为风速 $v=10 \text{m/s}$ 时的情况。通过蔓延模拟可以看出，当风速很小时（A），草原火灾基本呈椭圆形向外蔓延，向四周蔓延的速度基本相同；当风速增加到一定程度时，草原火灾蔓延呈现一定的方向性。本研究中设定风向为西北向，可以看出 B 图中右下边部分基本形成了向东南方向蔓延一个趋势，同时向两边扩散；对于 C 图，右下边已经形成一个火头，说明当风速达到一定程度时，草原火会以大致相同的速度行进，呈现一个锐角的火头。

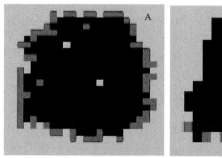
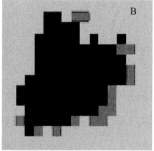
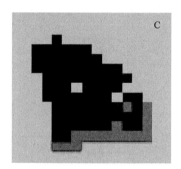

图 5-6　风向和风速对草原火灾蔓延影响的效果图

5.1.5　草原火灾扩散概率

根据第 3 章的草原火灾蔓延速度公式，得到草原火灾蔓延速度图。由于草原火灾扩散总是向蔓延速度大的地方传播，蔓延速度越大，草原火灾扩散的可能性就越大。

草原火灾向四周扩散的概率通过以下公式得到：

$$p_{ij} = \frac{R_{i\pm1,\,j\pm1}}{\sum (R_{i\pm1,\,j\pm1})} \tag{5-2}$$

式中，p_{ij} 为草原火灾扩散概率；$R_{i\pm1,j\pm1}$ 为 R_{ij} 的八个方向上的蔓延速度。

5.1.6　蔓延时间的确定

根据元胞的边长和火蔓延的速度，可以确定时间步（图 5-7）。

$$T_1 = \frac{1}{2}(l/v_{i,\,j} + l/v_{i,\,j+1}) \quad \text{或} \quad T_2 = \frac{\sqrt{2}}{2}(l/v_{i,\,j} + l/v_{i+1,\,j+1}) \tag{5-3}$$

式中，l 为元胞的边长（m）；R 为火蔓延的速度（m/min）。

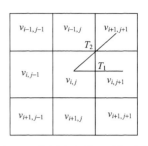

图 5-7 草原火灾蔓延时间确定

5.1.7 蔓延模拟流程

本研究借助 matlab 强大的数值计算能力、GIS 的空间分析能力和显示能力，来实现草原火灾蔓延模拟。首先，对研究区影响草原火灾蔓延速度的可燃物承载量、温度、风速、风向、相对湿度、坡度、坡向等数据进行处理，将所有数据处理到相同投影和坐标系下，并且栅格大小相同，利用 GIS 空间分析法生成草原火灾蔓延速度文件，并将生成的草原火灾蔓延速度文件转换成 ascii 文件；其次，利用 matlab 读取草原火灾速度文件，利用 matlab 编制元胞自动机模型，根据元胞自动机模型实现草原火灾动态模拟；最后，matlab 将生成的草原火灾动态模拟结果导出成 ascii 文件，然后利用 arcgis 软件进行分析和显示结果（图 5-8）。

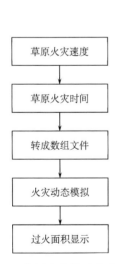

图 5-8 草原火灾蔓延实现过程

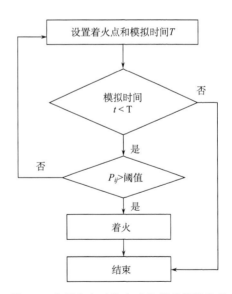

图 5-9 草原火灾元胞自动机蔓延模拟流程

其中草原火灾速度和草原火灾时间的处理过程是在 arcgis9.3 中进行，草原火灾的动态模拟过程是在 matlab7.1 中进行，草原火灾过火面积显示是在 arcgis9.3 中展示。草原火灾元胞自动机模拟流程如图 5-9 所示。

5.2　案　例　研　究

5.2.1　研究区地理背景

位于内蒙古东部草原区锡林郭勒盟地区的草原分布面积广，草高、草厚，地面单位面积可燃物量多。在干燥的春秋季节，一旦起火，风助火势迅速蔓延，火势凶猛，烟雾弥漫在整个火场上空，火线以不规则线形不断向外扩散。特别是风速很大时，草原火蔓延速度更快，烟雾可以弥漫几十千米甚至几百千米。烟雾弥漫的火场附近，人们难以辨别方向，过火之处烧死牲畜、烧毁草场和其他财物，甚至导致人员死亡。另外，草原火常引起森林火，对于草原森林生态系统造成严

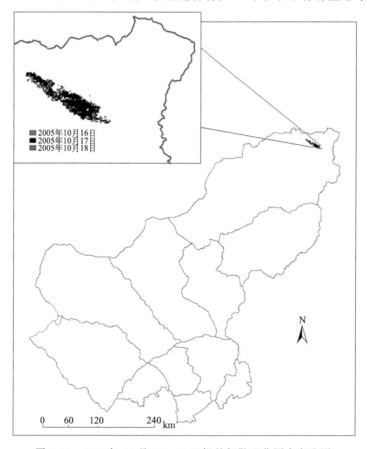

图 5-10　2005 年 10 月 16～18 日锡林郭勒盟草原火灾监测

重破坏，其有形损失和无形损失都是非常惨重的。

　　本研究以锡林郭勒盟东乌珠穆沁旗草原火灾为例，锡林郭勒盟东乌珠穆沁草原在 2005 年 10 月 16 日 11 时发生草原大火，烧毁草场面积约 1 万 hm^2（图 5-10）。草原火灾发生时，过火区的草原类型为温性草原类和低地草甸类，该地区高程为 988～1210m，该地区草原承载量约 300g/m^2（图 5-11）。

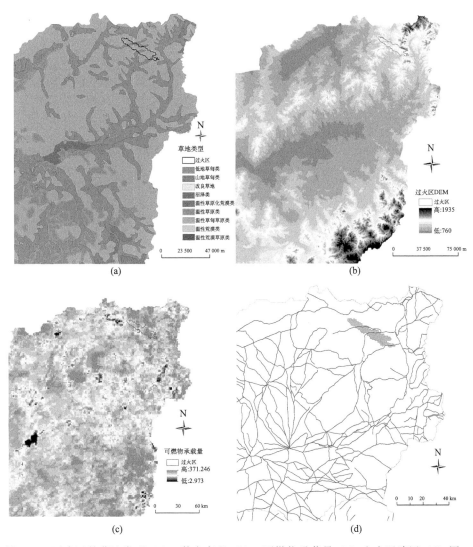

图 5-11　过火区的草地类型（a）、数字高程（b）、可燃物承载量（c）和交通路网（d）图

5.2.2　草原火灾情境还原

利用软件 arcgis9.3 将锡林郭勒盟过火区进行格网化，每个格网的大小为 500m×500m（图 5-12）。将形成的矢量图层叠加到数字高程图上，得到草原火灾过火区的地形特征（图 5-13）。

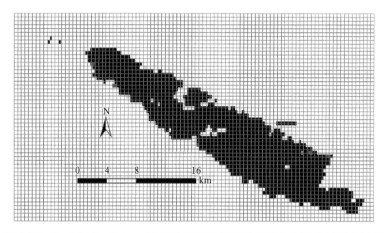

图 5-12　2005 年 10 月 16～18 日锡林郭勒盟特大草原火灾过火面积格网图

图 5-13　过火区三维还原图（高度拉伸 6 倍）

5.2.3　草原火灾蔓延场景模拟可视化

2005 年 10 月 16 日 11 时左右，锡林郭勒盟东乌珠穆沁草原发生特大火灾，火灾发生时风力达 7～8 级（相当于风速 15.5～19.0 m/s），地面可燃物覆盖率高、可燃物含水率低，火势在短时间内迅速蔓延开来。火灾发生后，有 800 多名官兵参与灭火，10 月 17 日凌晨 1 时左右大火被扑灭。大火烧毁草场面积约 1 万 hm²，烧死 200 余只羊。

　　草原火灾动态模拟工具制作过程见图 5-14。

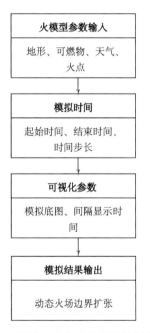

图 5-14　草原火灾动态模拟工具制作过程

5.3　草原火灾动态蔓延结果验证

　　通过基于元胞自动机的草原火灾动态模拟模型，得到 2005 年 10 月 16 日 11 时草原火灾蔓延情况（图 5-15）。草原火灾动态蔓延数值模拟步骤如下：①本研究利用 arcgis 9.3 的空间分析功能得到示范区草原火灾蔓延速度图；②根据格网大小，确定草原火烧过每个网格所需要的时间；③利用最短时间算法，得到火点到每个网格所需要的最短时间；④利用 arcgis 得到草原火灾动态蔓延的等时线图；⑤利用元胞自动机模型进行草原火灾动态蔓延模拟。

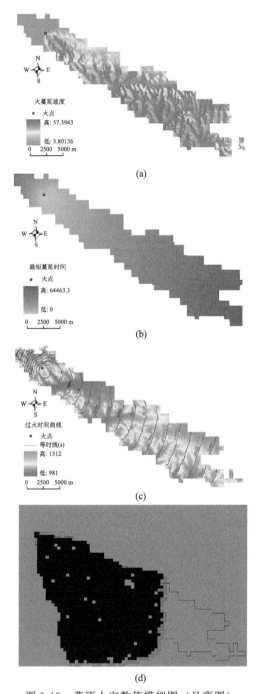

图 5-15　草原火灾数值模拟图（见彩图）

（a）草原火灾蔓延速度图；（b）草原火灾最短蔓延时间图；（c）草原火灾过火时间等时线图；

（d）草原火灾动态模拟图

　　首先，本研究将草原火灾蔓延等时线与草原火灾案例给定时间对比发现，从草原火灾发生到草原火灾熄灭，发现两者具有很强的吻合性。由于本次草原火灾的扑救投入了大量的人力物力，所以，本研究假定草原火灾在无人扑救情况下，模拟了草原火灾最初几个小时内的草原火灾蔓延情况，通过模拟可以看出，如果在无人扑救的情况下，草原火灾过火面积会呈现扇形向东南方向扩散。由于本研究所选火灾案例中人为扑救原因，造成火场形状较自由扩散情况下发生了很大变化，因此可以看出，本模型不但对草原火灾扑救具有重要意义，而且本模型可以得到潜在的草原过火面积和潜在损失。因此，草原火灾蔓延模拟还可以为草原火灾扑救的效益分析提供有力的证据。

　　本研究假定草原火灾在传播方向上没有受到人为扑救的影响，而在草原火灾蔓延的两翼受到人为扑救的影响。通过将数值模拟结果和实际结果对比发现，本研究可以满足草原火灾扑救需要。草原火灾蔓延等时线数值模拟可以给草原火灾扑救指挥者提供草原火灾到达指定目标位置所需要的时间。草原火灾动态模拟可以给草原火灾扑救指挥者提供草原火灾蔓延实时动向，并为灾后效益评估提供依据。

第6章　基于草地类型的草原火灾风险评价研究

风险是关于不愿意发生事件的不确定性的客观表现。风险最初被应用在金融领域，20世纪中期被应用到灾害管理中。根据研究需要，国内外学者在不同领域给了风险不同的表述，并赋予不同的内涵和外延。韦伯字典将风险表述为"面临着伤害和损失的可能性"，而在保险业中将风险表述为"危害或损失的可能性"。Covello和Merkhofer[151]认为之所以对风险缺少统一的定义是由于风险分析在不同领域都得到了发展。一般来讲，不同的人在不同的研究领域中对"风险"的定义与理解差异较大。对于火灾风险而言，Sekizawa建议将其简单地定义为由火灾导致的主观不愿意出现的潜在后果[152]。这里的潜在性可以通过概率、频率和可能性等概念进行量化。

草原火灾风险评价分为草原火灾静态风险评价和草原火灾动态风险评价。草原火灾静态风险评价主要是以草原火灾风险的形成机理为基础，将草原火灾风险定义为草原火灾发生的危险性、承灾体的脆弱性和暴露性、区域防火减灾能力综合作用的结果，是草原火灾易损性的一种表现，其结果具有不确定性。草原火灾动态风险评价主要根据干旱指数、人类活动强度、气象条件、可燃物条件等确定草原火灾动态发生概率，并根据草原火灾的潜在损失，确定草原火灾动态风险评价模型。本章主要对建立我国北方草原动态风险和静态风险评价的指标体系和模型，以期为草原火灾风险管理服务。

6.1　草原火灾风险的基本理论

6.1.1　草原火灾风险形成机理

自然灾害是指由于自然变异因子对人类和社会经济造成损失的事件。自然灾害风险指未来若干年内由于自然因子变异的可能性及其造成损失的程度。多多纳裕一等认为一定区域自然灾害风险是由自然灾害危险性（hazard）、暴露（exposure）或承灾体、承灾体的脆弱性或易损性（vulnerability）三个因素相互综合作用而形成的（图 6-1）[153]。通常情况下，灾害的活动程度即危险性越大，表明灾害活动规模或强度越大，活动频次或概率越高，灾害的可能损失越严重，灾害的风险水平越高；承灾体的种类越多和价值密度越高，对灾害的承受能力越差，灾害的可能损失越严重，灾害的风险水平越高；承灾体的易损性越高，抵御灾害能力越差，灾害的可能损失越严重，灾害的风险水平越高；区域防灾减灾能力越强，灾害的可能损失越小，灾害的风险水平越低[128]。

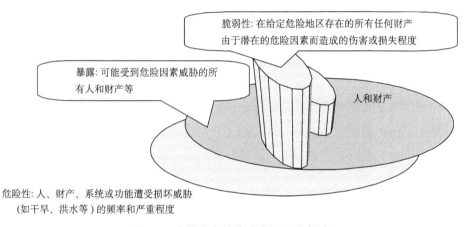

脆弱性: 在给定危险地区存在的所有任何财产
由于潜在的危险因素而造成的伤害或损失程度

暴露: 可能受到危险因素威胁的所
有人和财产等

人和财产

危险性: 人、财产、系统或功能遭受损坏威胁
（如干旱、洪水等）的频率和严重程度

图 6-1　自然灾害风险形成机理示意图

　　草原火灾风险是指草原火发生的可能性及其对人类生命财产造成破坏损失的后果。从自然灾害风险形成机理出发，影响草原火灾风险形成的因素既具有自然因素也具有人文因素，是草原火灾危险性、草原生态、社会经济、人口的暴露性和脆弱性以及区域草原火灾管理能力综合决定的（图 6-2）。

　　草原火灾危险性是指草原火灾起火频次，主要是由草原火灾的致灾因子和孕灾环境决定的。在草原区，致灾因子主要有人类活动（如耕作、打草、抽烟等）和干

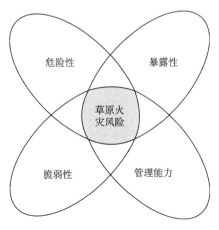

危险性　　　暴露性

草原火
灾风险

脆弱性　　　管理能力

图 6-2　草原火灾风险四要素示意图

雷暴。草原可燃物、地形和天气条件是草原火灾的重要孕灾环境。当致灾因子和孕灾环境在时空上重合就形成草原火灾危险性。

暴露性是指牧区中可能受到草原火灾威胁的所有人和财产，如干草、牲畜、人员、房屋、农作物、生命线等。一个地区暴露于草原火灾的承灾体（人和财产）越多，即受灾财产价值密度越高，可能遭受潜在损失就越大，草原火灾的暴露性也就越大。

脆弱性是指在给定危险地区存在的所有任何财产，由于潜在的草原火灾影响而造成的伤害或损失程度，其综合反映了承灾体的损失程度。一般承灾体的脆弱性或易损性越低，草原火灾造成的损失越小，草原火灾风险也越小，反之亦然。承灾体的脆弱性或易损性的大小，既与其物质成分、结构有关，也与防灾力度有关。

区域草原火灾管理能力表示受灾区在短期和长期内能够从草原火灾灾害中恢复的程度，包括应急管理能力、减灾投入、资源准备等。防灾减灾能力越高，可能遭受潜在损失就越小，草原火灾风险越小。

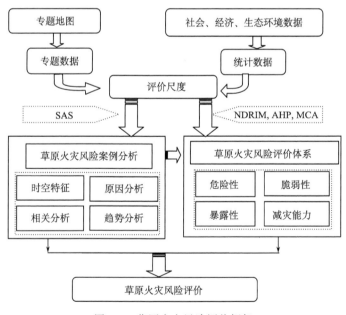

图 6-3　草原火灾风险评价框架

6.1.2　草原火灾风险评价框架

草原火灾风险评价主要包括草原火灾风险识别、草原火灾风险分析和草原火灾风险评价三部分。草原火灾风险识别主要研究草原火灾的时间发生规律、空间发生规律、草原起火原因分析、草原火灾发生的时空趋势分析;草原火灾风险分析主要包括草原火灾危险性分析、暴露性分析、脆弱性分析和防火减灾能力分析;草原火灾风险评价主要研究草原火灾影响因子的指标体系、耦合关系,草原火灾风险等级划分标准及草原火灾风险区划。草原火灾风险评价框架如图 6-3 所示。

6.2　研究区概况与数据来源

6.2.1　研究区概况

本研究主要以我国北方温带草原为研究对象,我国草原区主要集中在干旱、半干旱的北方地区,包括内蒙古、吉林、黑龙江、辽宁、新疆、宁夏、青海、四川、陕西、山西、河北、甘肃 12 个省、自治区,总土地面积 416 万 km²,占国土总面积的 43.3%。草原区草原面积 2.473 亿 hm²,占草原区总土地面积的 60%。其中以东北、西北的温带草原最为地域辽阔、牧草茂密,是发展草原牧业的重要基地。我国草原区气候具有显著的大陆性气候特点,其特征表现为冬季寒冷漫长,夏季炎热短促,年平均气温低,温差大,有效积温高,降水少,蒸发量大,气候干燥,日照充足。我国草原区绝大部分地区年降水量在 200mm 以内,蒸发量在 1000mm 以上。在春秋季节,适度的地上可燃物储量和连续分布状况,并配合独特的天气气候条件,构成了该地区高火险的特征,对草原区社会经济和人民的生命财产造成极大的破坏性。新中国成立以来我国共发生草原火灾 56 451起,过火面积 20 617.21 万 hm²,受伤人数 1413 人,死亡 444 人,死亡牲畜37 682 头(只),被迫转移牲畜 8 295 337 头(只)。随着牧业经济的不断发展,草原火灾已经成为阻滞畜牧业可持续发展的主要因子之一。我国北方草原火灾发生频繁,根据遥感卫星过火迹地数据[L3JRC - A global, multi-year (2000-2007) burnt area product (1 km resolution and daily time steps)],并利用草原

草地类型进行分析，得到我国北方草原火灾空间分布图（图 6-4）。通过图 6-4
可以看出，我国草原火灾主要分布在我国东北部、西南部和新疆西北部三个大
的区域内。

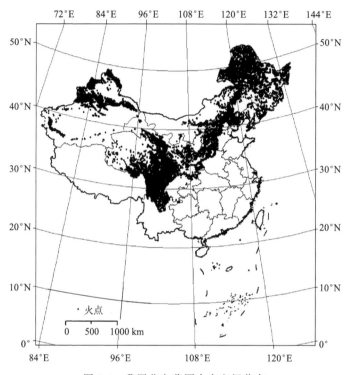

图 6-4　我国北方草原火灾空间分布

6.2.2　数据来源与处理

本研究所需要的数据包括草原火灾历史案例数据、草地类型数据、我国北方
12 省区各县市社会经济数据（人口、经济、牲畜等）、地形数据、气象气候数
据、防灾减灾数据等。其中社会经济数据来自中国咨讯行数据库（http://
www. bjinfobank. com/）；草原类型图来自地球系统科学数据共享平台（http://
www. geodata. cn/）；气象数据来自中国气象科学数据共享服务网（http://
cdc. cma. gov. cn/）。草原火灾案例资料来自中国农业部草原监理中心。数据处
理流程如图 6-5 所示。

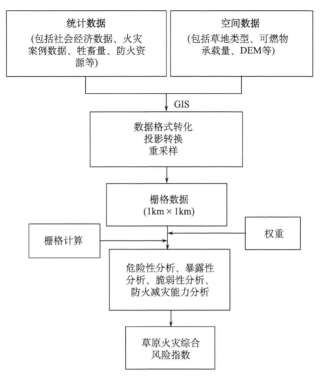

图 6-5　草原火灾风险评价数据处理流程

6.3　草原火灾风险评价指标体系

6.3.1　草原火灾危险性分析

　　草原火灾的危险性包括草原火灾致灾因子和孕灾环境，是指草原火灾的起火环境和孕火环境。这两个方面决定了草原火灾发生的概率和强度。草原火灾发生主要是人为原因和自然原因引起的。自然原因主要包括雷击火、滚石火等，自然火的发生概率极小且与微地形有密切关系，在此不予考虑；人为火主要与草原区距离道路网距离、距离居民点距离及土地利用情况有关。在以草原为主要土地利用类型的地区，到道路网和到居民点的距离是影响人为火源的主要原因。孕火环境主要与可燃物条件、气象气候条件和地形条件 3 个主要方面有关。因此，本研

究对草原火灾危险性指标就围绕这两个方面选取。起火环境主要选取到道路网距
离、到居民点距离（图 6-6）；孕火环境从可燃物条件、气象气候条件方面选取指
标，地形条件主要从坡度、坡向两个方面影响草原火灾危险性。坡度影响草原火
灾的传播速度和方向，坡向影响可燃物水分含量。一般来讲，坡度越大，向阳的
地方草原火灾危险性高。可燃物条件中，主要选取了可燃物承载量和可燃物连续
度两个指标；在气象影响因子中，主要选取干燥度来描述草原火灾危险性。

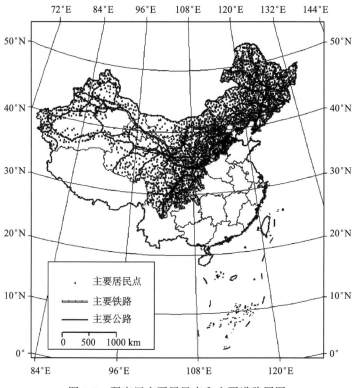

图 6-6　研究区主要居民点和主要道路网图

1. 人为原因

通过第 2 章草原火灾规律分析可知，人为火源是草原火起火的重要原因。人
为原因引起的草原火灾主要由于草原区距离居民点和道路网较近，造成人类活动
强度增大，可燃物与火源的接触概率增加。因此草原区内居民点和道路网对草原
火灾的影响很大。两个指标的量化方式如表 6-1 和表 6-2 所示。

表 6-1　到道路距离分级

距离道路距离/m	0~1000	1001~2000	2001~3000	3001~4000	>4000
赋值	1.0	0.8	0.6	0.4	0.2

表 6-2　到居民点距离分级

距离居民点距离/m	0~5000	5001~10 000	10001~15 000	15001~20 000	>20 000
赋值	1.0	0.8	0.6	0.4	0.2

2. 可燃物

可燃物是草原火灾发生发展的基本要素。描述草原火灾可燃物特征的因素很多，但对于中长期草原火灾危险性预测，本研究选取可燃物承载量和可燃物连续度两个指标来描述草原火灾危险性。两个指标的计算见式（2-10）和式（4-27）。我国北方 12 省 8 月中旬多年平均 NDVI 见图 6-7。

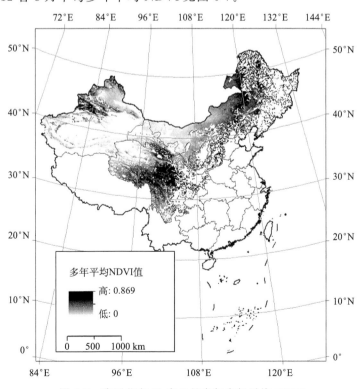

图 6-7　我国北方 12 省 8 月中旬多年平均 NDVI

3. 火气候

火气候是影响草原火灾重要的外界因素之一。火气候决定着草原火发生的日变化和年变化规律，因为气候不但决定着可燃物量，也可决定可燃物湿度和火季节长度。本研究选取干燥度来描述火气候。干燥度的计算利用了 de Martonne 提出的一种简单的干燥度计算方法：

$$I_{dM} = \frac{P}{T + 10} \tag{6-1}$$

式中，I_{dM} 为 de Martonne 干燥度；P 为平均降水量；T 为平均温度值。

为了让气象站点数据变成面状数据，在此利用泰森多边形进行气象站点的空间数据展布（图 6-8）。

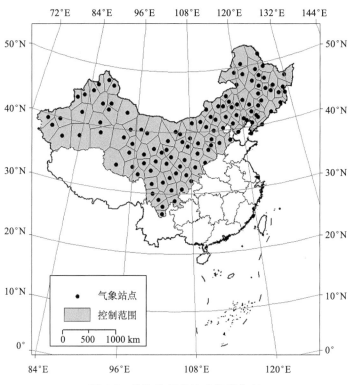

图 6-8　选取的气象站点及其分布

4. 地形

地形因子包括坡度、坡向和高程等，它们影响草原火的形成、传播和扩散。由于本研究考虑草原火灾的起火环境，不考虑草原火的传播条件，所以在此只选取坡向和高程两个指标。这两个指标均由研究区的高程等高线生成（图 6-9）。

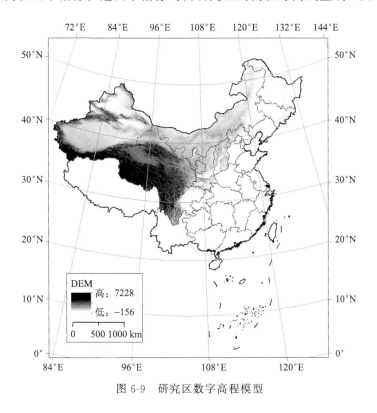

图 6-9　研究区数字高程模型

根据草原火灾发生的情况，本研究将草原区的高程与坡向的等级赋值（表 6-3）。

表 6-3　研究区坡向等级划分

角度/(°)	0~23	23~68	68~113	113~158	158~203	203~248	248~293	293~338	338~360
方向	N	NE	E	SE	S	SW	W	NW	N
值	0.2	0.4	0.6	0.8	1.0	0.8	0.6	0.4	0.2

6.3.2　草原火灾暴露性分析

草原火灾的暴露性指暴露于草原火灾风险下的牧区生命和财产,因此草原火灾的暴露性可以分为生命暴露性、财产暴露性。同时草原火灾对草原生态系统也造成一定程度的破坏,所以草原火灾也存在着生态暴露性。根据草原火灾灾情损失统计发现,草原区暴露于草原火灾下的生命和财产主要包括人口、牧草、牲畜、帐篷、房舍和基础设施等。为了让草原火灾暴露性体现出草原火灾灾情,在此选取牧区人口、年底牲畜量、GDP、产草量四个指标来表示。各指标通过反距离空间插值方法,得到各指标的空间分布栅格图。

6.3.3　草原火灾脆弱性分析

草原火灾脆弱性指暴露于草原火灾下的生命财产中相对脆弱的部分。根据多年的草原火灾调查发现,在草原火灾中 0～14 岁和 60 岁以上人口容易受到伤害,是草原火灾中的脆弱人口;体型小的牲畜及一些幼畜在草原火灾中容易死亡;同时如果牧业经济在国民经济中所占的比例大,则发生草原火灾后该行政区的经济破坏就会比较严重;草原火灾中不同的草地类型,燃烧的效果不一样,一年生轻质的牧草及一些落叶易燃,虽然燃烧产生的能量不大,但烧掉它们,牲畜就会饿死;一些多年生牧草难燃烧,但在轻质牧草和落叶的引燃下也容易燃烧且造成的破坏严重。所以在此选取脆弱人口、小牲畜数量、牧业产值来表示。各指标通过反距离空间插值方法,得到各指标的空间分布栅格图。

6.3.4　草原火灾管理能力分析

草原火灾管理能力指对草原火灾危险性的反应和减弱能力和对脆弱性生命财产的保护和转移能力。对于一个区域来讲,草原火灾管理能力主要包括防火人员数量、车辆、通信设备、防火机构、物资储备等指标。

6.3.5　草原火灾风险评价指标体系

根据对草原火灾危险性、承灾体的暴露性、脆弱性以及草原区防灾减灾能力分析结果,建立了如下的草原火灾风险评价指标体系 (表 6-4)。

表 6-4　草原火灾风险评价指标体系

目标	因子	次级因子	指标	权重
草原火灾风险指数	危险性（H） 0.55	起火原因	1. 到道路距离	0.073
			2. 到居民点距离	0.073
		草原火灾环境	3. 可燃物承载量	0.139
			4. 可燃物盖度	0.139
			5. 干燥度	0.073
			6. 坡度	0.026
			7. 坡向	0.026
	暴露性（E） 0.08	生命暴露性	8. 居民人口	0.043
			9. 牲畜量	0.015
		经济暴露性	10. GDP	0.008
			11. 产草量	0.015
	脆弱性（V） 0.28	生命脆弱性	12. 脆弱人口率	0.182
			13. 小牲畜占比率	0.064
		经济脆弱性	14. 牧业产值	0.034
	管理能力（M） 0.09	防火人员	15. 防火人员数量	0.010
		防火装备	16. 防火车辆	0.020
			17. 灭火器数量	0.020
			18. 通信设备数量	0.020
		防火机构	19. 防火组织数量	0.010
		防火物资库	20. 物资库数量	0.010

6.3.6　草原火灾风险指标权重确定

层次分析法（analytic hierarchy process，AHP）是对一些较为复杂、较为模糊或者难以定量的问题作出定性和定量的决策方法。它是美国运筹学家、匹兹堡大学萨第（Saaty）教授于 20 世纪 70 年代初期提出的一种简便、灵活而又实用的多准则决策方法。运用层次分析方法获取权重，大体上可按下面四个步骤进行：

（1）建立递阶层次结构模型。

（2）构造出各层次中的所有判断矩阵。

（3）层次单排序及一致性检验。

（4）层次总排序及一致性检验。

在本研究中，层次分析方法被用来获取草原火灾风险评价各指标的相对权重。通过利用 9 分位赋值法对各指标进行相互对比，将专家意见转化成判断矩阵，并最终确定各指标的权重。

6.4　我国北方草原火灾风险综合评价

本研究在已有草原火灾风险评价模型的基础上，强调草原火灾四个因子在草原火灾风险评价中的相同地位。草原火灾风险与草原火灾危险性（H）、承载体的暴露性（E）、脆弱性（V）和牧区防灾减灾能力（R）有密切关系：草原火灾危险性越大，暴露程度越高，脆弱程度越大，草原火灾风险越大；防灾减灾能力越强，草原火灾风险越小。根据以上的分析，对草原火灾风险评价的计算公式如下：

$$\text{GFDRI}_j = \frac{H(X)^{W_H} \times E(X)^{W_E} \times V(X)^{W_V}}{1 + R(X)^{W_R}} \tag{6-2}$$

$$H(X) = W_{H1}X_{H1} + W_{H2}X_{H2} + W_{H3}X_{H3} + W_{H4}X_{H4} + W_{H5}X_{H5}$$
$$+ W_{H6}X_{H6} + W_{H7}X_{H7} + W_{H8}X_{H8} + W_{H9}X_{H9} \tag{6-3}$$

$$E(X) = W_{E1}X_{E1} + W_{E2}X_{E2} + W_{E3}X_{E3} + W_{E4}X_{E4} \tag{6-4}$$

$$V(X) = W_{V1}X_{V1} + W_{V2}X_{V2} + W_{V3}X_{V3} + W_{V4}X_{V4} \tag{6-5}$$

$$R(X) = W_{R1}X_{R1} + W_{R2}X_{R2} + W_{R3}X_{R3} + W_{R4}X_{R4} + W_{R5}X_{R5} + W_{R6}X_{R6}$$
$$\tag{6-6}$$

式中，GFDRI 为草原火灾风险指数，其值越大，草原火灾风险越高；$H(X)$、$E(X)$、$V(X)$、$R(X)$ 的值相应地表示危险性、暴露性、脆弱性和防灾减灾能力大小，其计算方法利用公式（1）；当 $R(X) = 0$，$\text{GFDRI} = H(X)^{W_H} \times E(X)^{W_E} \times V(X)^{W_V}$；$W_H$、$W_E$、$W_V$、$W_R$ 分别为利用层次分析法得到的 H、V、E、R 的权重值；W_{Hi}、W_{Ei}、W_{Vi}、W_{Ri} 相应地表示危险性、暴露性、脆弱性因子和防灾减灾能力的权重，在式（6-3）～式（6-6）中，X_i 是指标 i 量化后的值，W_i 为指标 i 的权重，表示各指标对形成草原火灾风险的主要因子的相对重要性。通过对草原火灾风险指数模型中各因子分布特征分析，并利用蒙特卡罗模拟方法，对草原火灾风险指数模型进行了验证(图 6-10)。通过模拟发现，草原火灾风险指数值的主要分布为 0.05～0.20。

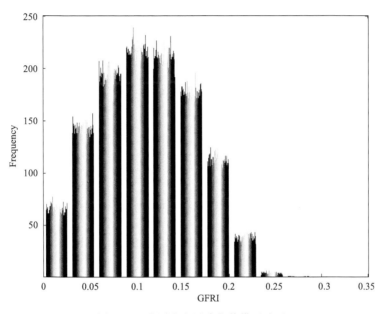

图 6-10　草原火灾风险指数模型验证

6.4.1　我国北方草原火灾危险性评价

根据草原火灾危险性评价公式，对我国北方 12 省区草原火灾的危险性进行计算，得到我国北方草原火灾危险性评价图 (图 6-11)。从图 6-11 可以看出，我国草原火灾的高危险地区主要分布在我国的中部地区，具体分布上呈现东高西低的规律，以内蒙古东北部、吉林西部、河北西北部、甘肃、宁夏、四川的南部、新疆的西北部草原火灾危险性最高。

6.4.2　我国北方草原火灾暴露性评价

根据草原火灾暴露性评价公式，对我国北方 12 省区草原火灾的暴露性进行评价，得到我国北方 12 省区草原火灾暴露性评价图 (图 6-12)。从图 6-12 上可以看出内蒙古的暴露性最高，其次是四川、黑龙江和新疆，山西、陕西的暴露性较低。

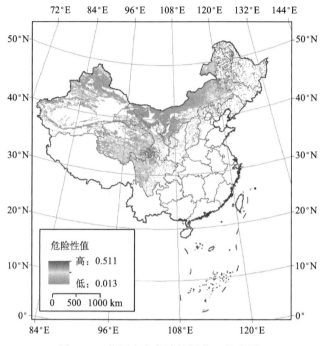

图 6-11　草原火灾危险性评价（见彩图）

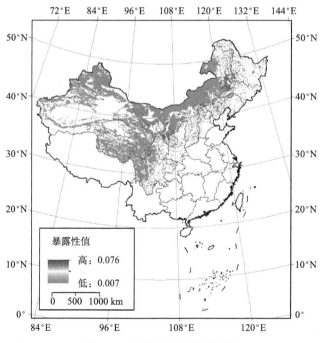

图 6-12　草原火灾暴露性评价

6.4.3　我国北方草原火灾脆弱性评价

根据草原火灾脆弱性评价公式，对我国北方 12 省区草原火灾的脆弱性进行评价，得到我国北方 12 省区草原火灾脆弱性评价图（图 6-13）。从图 6-13 可以看出内蒙古的脆弱性最高，其次是四川、青海和新疆，黑龙江、山西、陕西的脆弱性较低。

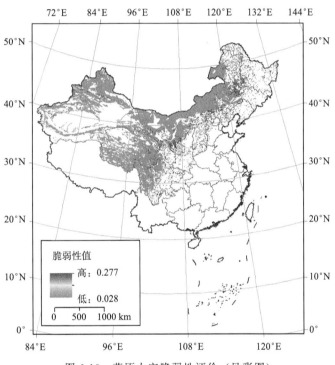

图 6-13　草原火灾脆弱性评价（见彩图）

6.4.4　我国北方草原火灾管理能力评价

根据草原火灾管理能力评价公式，得到我国北方各省区的草原火灾管理能力空间分布图（图 6-14），从图 6-14 可以看出，我国草原大省内蒙古的草原火灾管理能力较高，其次是新疆、甘肃、青海、宁夏等，其他地区的草原火灾管理能力较低。

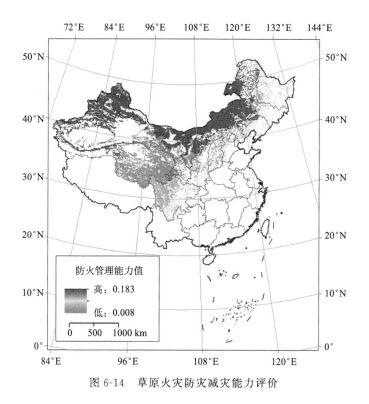

图 6-14　草原火灾防灾减灾能力评价

6.4.5　我国北方草原火灾综合风险评价结果

标准差可以反映各数据间的离散程度，按标准差分级，首先计算草原火灾风险指数的平均值 $\bar{x}$ 和标准差 δ，然后以算术平均值作为中间级别的一个分界点，以一倍标准差参与分级时其余分界点为：$\pm\delta$、$\pm2\delta$。为了便于对草原火灾进行救助，根据草原火灾风险指数值（GFDRI），本标准将草原火灾按照五级划分方法分为低风险、中低风险、中等风险、高风险、极高风险。其划分标准如下：

$$\text{GFDRI} \leqslant \bar{x} - \delta \qquad\qquad 低风险$$

$$\bar{x} - \delta < \text{GFDRI} \leqslant \bar{x} \qquad\quad 中低风险$$

$$\bar{x} < \text{GFDRI} \leqslant \bar{x} + \delta \qquad\quad 中等风险$$

$$\bar{x} + \delta < \text{GFDRI} \leqslant \bar{x} + 2\delta \qquad 高风险$$

$$\text{GFDRI} > \bar{x} + 2\delta \qquad\qquad 极高风险$$

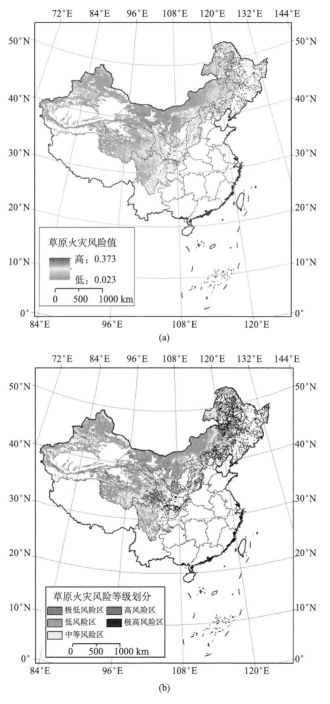

图 6-15　我国北方草原火灾风险值（a）与风险等级划分（b）（见彩图）

式中，$\bar{x}$ 为牧区 GFDRI 的算术平均值；δ 为牧区 GFDRI 的标准差。

　　根据草原火灾风险指数计算公式，可以对比各个地区草原火灾风险大小。为了对草原火灾风险进行评价，本研究利用标准差方法将草原火灾风险划分成五级（图 6-15）：极低风险（0＜GFDRI≤0.0594）、低风险（0.0594＜GFDRI≤0.1233）、中等风险（0.1233＜GFDRI≤0.1872）、高风险（0.1872＜GFDRI≤0.2511）、极高风险（GFDRI ＞0.2511）。通过计算发现，我国北方草原火灾风险大致呈现东高西低的趋势，根据草原火灾风险五级划分系统的划分结果，可以发现我国北方草原中有 5.2％ 的区域为极高风险区，高风险、中等风险、低风险和极低风险分别占 13.0％、20.7％、54.8％ 和 6.4％。

　　在区域上，草原火灾的高风险区主要分布在我国北方草原的东部地区，其中以农牧交错带地区的草原火灾风险最高。这主要是由于北方草原的农牧交错带地区的大部分属于半干旱半湿润区，人类活动频繁，在春秋季节，上坟烧纸、吸烟、机器跑火、人为纵火的事件经常发生。同时该地区又是农业和牧业交错地区，承灾体暴露性和脆弱性复杂且程度高，因此，这个地区草原火灾风险高。在我国北方草原的中部地区，又是大部分是荒漠草原，草原植被稀少，人烟稀少，因此这个地区的草原火灾风险较小。在我国北方草原的西北和西南地区，草原植被较好，社会经济发展较好，这个地区的草原火灾风险较高。

　　通过对各省区的草原火灾指数中各因子求平均值，得到我国北方各省区草原火灾危险性、暴露性、脆弱性和火灾管理能力以及草原火灾综合风险的值（图6-16）。通过对比发现，内蒙古、黑龙江、四川 3 个省区的草原火灾无论在危险

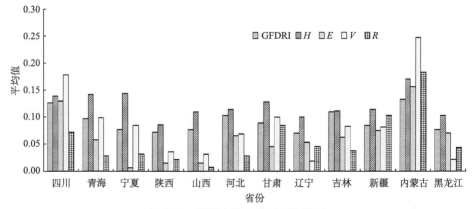

图 6-16　草原火灾风险因子比较图

性、暴露性和脆弱性上都很高,这三个省区是草原火灾高风险区,其次是新疆、甘肃、宁夏、吉林四个省区。内蒙古和新疆草原火灾管理能力较高。

6.5 基于火行为模拟的草原火灾动态风险评价

根据草原火灾规律分析可知,草原起火的一个重要原因就是人为起火,因此考虑人为因素对草原火灾的影响至关重要。同时根据草原火行为研究可知,草原起火后,草原火能否蔓延、草原火能否成灾的一个重要客观条件就是孕灾环境,草原火灾发生时的天气、地形、可燃物特征等条件共同组成了草原火灾形成的孕灾环境。在草原火行为研究的基础上,对影响草原火灾发生的天气条件、人为因素、可燃物条件进行相关分析,得到草原火灾发生的概率(可能性)大小、草原火强度、草原火灾的潜在损失大小,最终得到草原火灾动态风险预测方法。

6.5.1 草原火灾动态风险评价概念框架

草原火灾动态风险评价即对草原火灾风险进行实时评价。本研究以天为时间单位,开展草原火灾动态风险评价。草原火灾动态风险受到人为因素、气象因素和可燃物要素等各方面的影响。因此,草原火灾动态风险是一个复杂的非线性过程。

按照上述论述,本研究将草原火灾动态风险归结为三方面因素的影响:人为因素、自然因素和承灾体因素。其中人为因素主要选取了对距离道路网的最短距离和距离居民点的最小距离两个指标;自然因素主要选取了气象因素中的日最小相对湿度、日最大风速、K-B干旱指数和可燃物指标。潜在损失主要依据静态风险评价中暴露性和脆弱性指标选取。草原火灾动态风险评价的构成和评价流程如图 6-17 和图 6-18 所示。

6.5.2 草原火灾动态风险评价指标体系

根据草原火灾动态风险评价概念框架,通过选取指标实现草原火灾动态风险

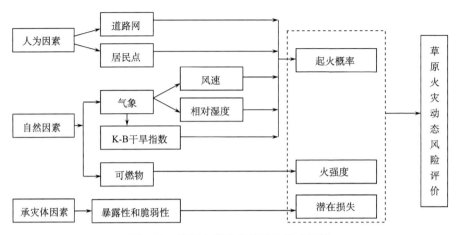

图 6-17　草原火灾动态风险的构成框架

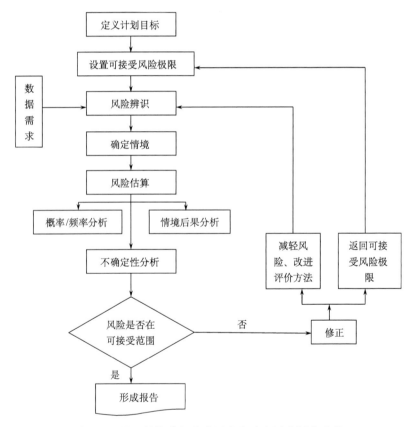

图 6-18　基于情境分析的草原火灾动态风险评价流程

评价的定量化。草原火灾动态风险由起火环境、孕灾环境、承灾体暴露性和脆弱性组成。起火环境包括人为火源和自然火源，由于自然火源概率极低，在此不予考虑。孕灾环境包括主要天气条件和可燃物条件，由于研究区地势低平，在此不考虑地形条件。根据以上分析，本研究将草原火灾动态风险评价的指标体系划分为如图 6-19 所示。

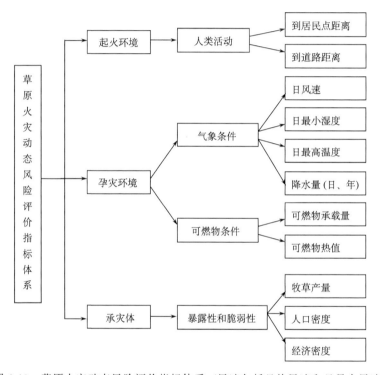

图 6-19　草原火灾动态风险评价指标体系（风速包括日均风速和日最大风速）

6.5.3　草原火灾动态风险评价模型

根据风险分析的定义，本研究考虑了草原火灾发生的可能性，以及在此可能下出现的潜在可能损失。由于在同样的潜在损失规模下，不同的草原火强度，草原火灾的损失也不同，因此，本研究在考虑了上述因素以后，将草原火强度同样考虑到草原火灾动态风险评价模型中。草原火灾风险评价的模型如下：

$$\text{RISK}(s，t) = f_t(P_{ij}，\text{FI}_{ij}，L_{ij}) \tag{6-7}$$

式中，RISK(s, t) 表示 t 时刻 s 位置处草原火灾风险大小；P_{ij} 为 t 时刻草原火灾起火概率；FI_{ij} 为火强度；L_{ij} 为潜在损失。

根据锡林郭勒盟 2000～2006 年的草原火灾案例，通过统计分类分析，得到不同情境下综合影响因子作用下的草原火灾发生频率，并利用回归分析法，得到草原火灾发生的概率，用式（6-8）表示：

$$P_{ij} = 1 - 1/[2 \times \exp(0.787 \times \lg x_1 - 0.026 \times x_2 + 0.976$$
$$\times \lg x_3 + 0.022 \times x_4 - 0.821)] \tag{6-8}$$

式中，x_1 为人为危险因子（无量纲）；x_2 为日最小相对湿度（%）；x_3 为干旱指数（无量纲）；x_4 为日最大风速（m/s）。

由于人为因素是草原火灾的重要因素，而人为对草原火灾的影响与距离居民点的距离以及距离道路的远近有关，因此选择这两个指标来评价人为因素对草原火灾的影响。为了研究距离要素对草原火灾的影响关系，本研究首先利用最短距离分析法（图 6-20）对锡林郭勒盟历史草原火灾案例进行分析，得到锡林郭勒盟 2000～2006 年的草原火灾火点与道路距离的关系（图 6-21），分析不同距离上的草原火灾发生概率。通过图 6-22 的分析可知，80% 的草原火灾在距离 4km 的距离内，1km 内草原火灾达到 30%，2km 内草原火灾达到 50%，因此将距离道路的远近划分为 5 级，其划分依据如表 6-5 所示。

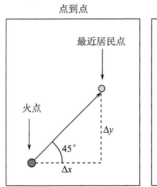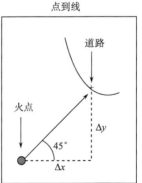

图 6-20　最短距离计算方法

通过对草原火灾与到居民点距离的关系可知，居民点的影响范围一般为 20km（约占总数的 65%）以内（图 6-23 和图 6-24）。考虑到边界处过境火的影响，本研究将居民点的影响划分为 5 级（表 6-6）。

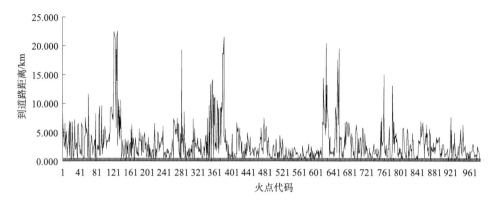

图 6-21　典型草原火灾距离道路的距离

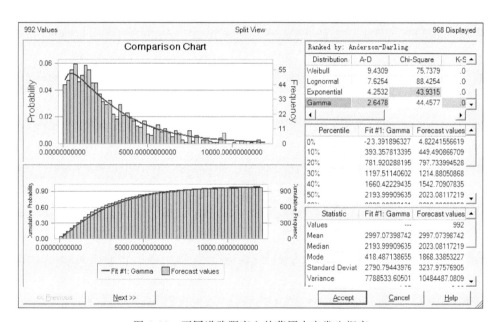

图 6-22　不同道路距离上的草原火灾发生概率

表 6-5　到道路距离分级

距离道路距离/m	0～1000	1001～2000	2001～3000	3001～4000	＞4000
赋值	5	4	3	2	1

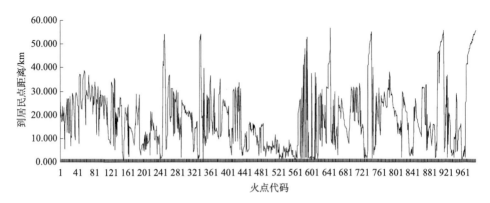

图 6-23　典型草原火灾距离居民点的距离

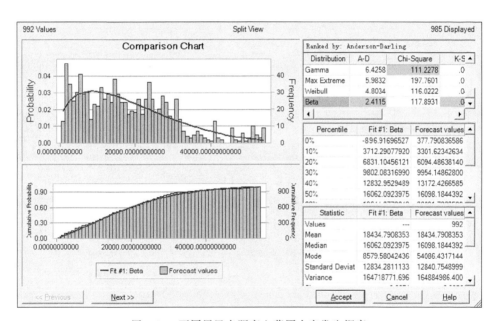

图 6-24　不同居民点距离上草原火灾发生概率

表 6-6　到居民点距离分级

到居民点距离/m	0～5000	5001～10 000	10001～15 000	15001～20 000	＞20 000
赋值	5	4	3	2	1

　　为体现人为因素对草原火灾的综合影响，本研究构建了人为危险因子的计算方法如下：

$$HD = D_{resident} + D_{road} \qquad (6-9)$$

式中，$D_{resident}$ 为距离居民点分级；D_{road} 为距离道路距离分级；$HD \in [2, 10]$。以锡林郭勒盟为例，草原火灾人为影响因素等级如图 6-25 所示。

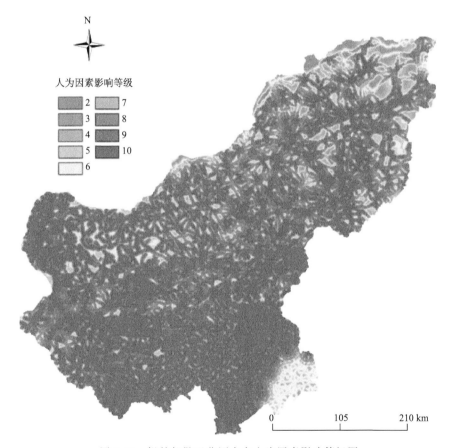

图 6-25　锡林郭勒盟草原火灾人为因素影响等级图

　　本研究中草原火强度的计算方法采用第 3 章中草原可燃物火强度的计算方法。由于草原可燃物承载量范围为 $0 \sim 1000 \text{g/m}^2$，可燃物的热值为 $16 \sim 19 \text{kJ/g}$，草原火的蔓延速度设定为 $0 \sim 50 \text{m/s}$。因此，草原火强度的范围为 $1 \sim 950\,000$。当可燃物承载量很小时（$\leqslant 50 \text{g/m}^2$），草原火蔓延速度趋于零（$0.001 \text{m/s}$），这时标准化后的草原火强度趋于零。通过取对数标准化将草原火强度的范围控制为

0~6。将草原火灾潜在损失主要取经济损失、人口损失和牧草损失（g/m²）三个指标，其中经济损失采用经济密度（万元/km²），人口潜在损失采用人口密度（人/km²），牧草损失采用牧草产量（g/m²），这三个指标也按照取对数方法将潜在损失的指标进行标准化。草原火灾动态风险评价的模型如下：

$$RISK(s, t) = f_t(P_{ij}, FI_{ij}, L_{ij}) = P_{ij} \times \lg(FI_{ij}) \times L_{ij} \qquad (6\text{-}10)$$

$$L_{ij} = \lg(PEO_{ij}) + \lg(ECO_{ij}) + \lg(GRA_{ij}) \qquad (6\text{-}11)$$

式中，$RISK(s, t)$ 表示 t 时刻 s 位置处草原火灾风险大小；P_{ij} 为 t 时刻草原火灾起火概率；FI_{ij} 为火强度；L_{ij} 为潜在损失；PEO_{ij} 为人口密度（人/km²）；ECO_{ij} 为经济密度（万元/km²）；GRA_{ij} 为牧草产量（g/m²）。L_{ij} 的范围为 0~10，因此，$RISK(s, t)$ 的范围为 0~60，其值越高，草原火灾风险越大。

6.6　草原火灾风险评价结果的验证

由于草原火灾风险是对草原火灾发生未来情况的一种预测，因此对于草原火灾风险评价结果验证比较困难。本研究主要应用历年草原火灾发生案例验证和蒙特卡罗随机模拟验证法对草原火灾风险评价结果进行验证。

6.6.1　静态风险评价结果的验证

静态草原火灾风险评价是描述草原区多年的草原火灾状况。本研究利用历年草原火灾案例数据和蒙特卡罗方法对草原火灾静态风险评价结果进行验证。通过对草原火灾风险因子进行统计分析，得到各因子的分布函数，利用蒙特卡罗方法产生符合要求的随机样本进而对评价结果进行验证。通过将我国北方草原火灾的GFDRI进行模拟（图 6-26），发现我国北方草原火灾风险指数主体范围为0.05~0.18（95%）。最大风险值和最小风险之间相差范围较大，说明我国草原火灾风险在空间上存在很大差别。通过对历史草原火灾案例发生点的草原火灾风险指数进行计算（图 6-27），发现这些地区的草原火灾风险指数在 0.2 左右，主体范围为 0.08~0.29（95%），说明这些区域基本都位于草原火灾的高风险区。通过分析发现，在 2000~2006 年，大部分草原火灾发生在中高风险等级以上区域（99.4%），发生在高风险、中等风险、低风险和极低风险区的草原火灾次数分别为 40.4%、33.8%、25.5% 和 0.3%，其中极高风险占 18.5%。因此草原火灾静态风险评价结果具有较强的合理性。

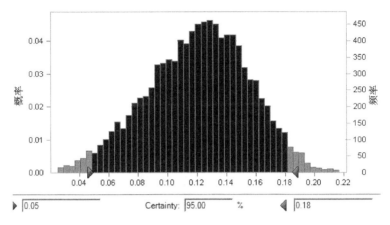

图 6-26　草原火灾风险指数验证

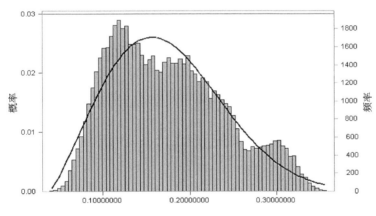

图 6-27　历史草原火灾的 GFDRI

6.6.2　动态风险评价结果的验证

选取锡林郭勒盟 7 个地面气象站点和 3 个研究区外的气象站点为研究对象，假定人为草原火灾危险因素的等级设定为中间值 5，以 2004 年 9 月 1 日～2005 年 5 月 31 日为例，分析锡林郭勒盟草原火灾动态风险的概率值。通过分析可知，在 2004 年 9 月～2005 年 5 月，锡林郭勒盟草原火灾的风险值为 0.35～0.99。在春秋季节，草原火灾发生概率较高，在 11 月中旬到次年 3 月中旬以前，草原火灾发生概率较小，原因可能有两个方面：①此时我国北方进入冬季，地面被雪覆盖；②气温较低，地面蒸发小，可燃物湿度较高。以 2005 年 5 月 14 日～5 月 17 日为例，锡林郭勒盟草原火灾发生概率如图 6-28 所示，通过图上概率可以看出在这期间，东乌珠穆沁旗草原火灾发生概率呈现增加趋势，到 5 月 17 日开始降低。通过火灾案例可知，在 5 月 16 日东乌珠穆沁旗发生 2 起草原火灾。

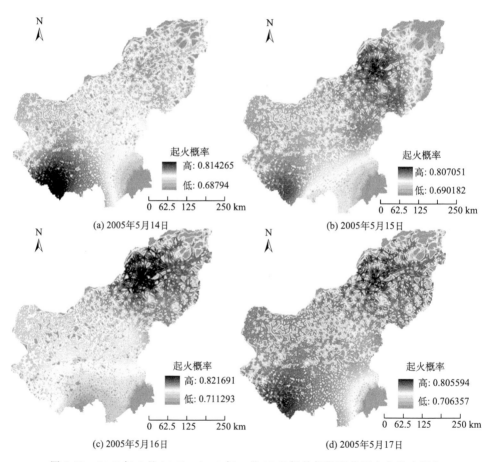

图 6-28　2005 年 5 月 14 日～2005 年 5 月 17 日锡林郭勒盟草原火灾发生概率

以 2005 年 5 月 16 日为例，通过计算得到锡林郭勒盟草原火强度分布图。草原火强度经过标准后如图 6-29 所示。通过草原火强度图可以看出，锡林郭勒盟火强度呈现由东北部向西南部降低的趋势，东乌珠穆沁旗和西乌珠穆沁旗草原火灾强度最高。由于潜在损失评价是对草原产草量、草原人口密度和草原经济密度三者的综合评价，这三者的变化都是以年为单位，因此通过数据分析得到 2005 年草原火灾潜在损失评价结果（图 6-30）。通过分析可以看出，2005 年锡林郭勒盟东北区、中部和东南部草原火灾潜在损失面积较大且集中，其余地区潜在损失较为分散。利用草原火灾动态风险评价模型，得到锡林郭勒盟 2005 年 5 月 16 日草原火灾动态风险评价结果（图 6-31）。

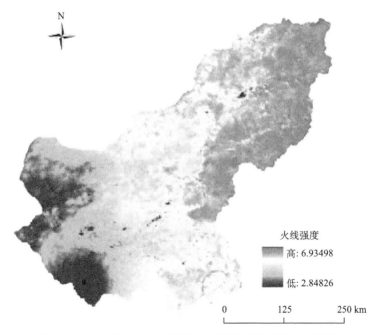

火线强度

高: 6.93498

低: 2.84826

0　　　125　　　250 km

图 6-29　2005 年 5 月 16 日草原火线强度标准化图（见彩图）

6.6.3　敏感性分析

蒙特卡罗（Monte Carlo，MC）方法也称随机抽样或统计实验方法，属于计算数学的一个分支，它是在 20 世纪 40 年代中期为了适应当时原子能事业的发展而发展起来的，是一种以概率统计理论为指导的一类非常重要的数值计算方法。在研究中，当所求解问题为某种随机事件出现的概率，或者是某个随机变量的期望值时，通过某种"实验"的方法，以这种事件出现的频率估计这一随机事件的概率，或者得到这个随机变量的某些数值特征，并将其作为问题的解。传统的计

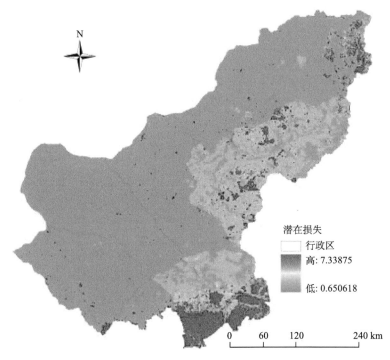

图 6-30　2005 年锡林郭勒盟草原火灾潜在损失（见彩图）

算方法由于不能逼近真实的情况，很难得到满意的结果，而蒙特卡罗方法由于能够真实地模拟实际过程，故解决问题与实际非常符合，从而得到很圆满的结果。

　　蒙特卡罗方法通过抓住事物运动的几何数量和几何特征，利用数学方法加以模拟，即进行一种数值模拟实验。蒙特卡罗模拟法的原理是用随机抽样的方法抽取一组输入变量的数值，并根据这组数据计算评价指标，用这样的方法抽样计算足够多的次数，可获得评价指标的概率分布及累计概率分布、期望值、方差、标准差等，按照这个模型所描绘的过程，通过模拟实验的结果，作为问题的近似解。形式最简单的蒙特卡罗模拟是一个随机数字生成器，它对预测、估计和风险分析都很有用。蒙特卡罗模拟可以归结为三个主要步骤：构造或描述概率过程、实现从已知概率分布抽样、建立各种估计量。用蒙特卡罗法计算风险的关键是产生大量已知分布的随机变量的随机数，利用计算机进行大量模拟运算，用模拟运算的结果来估算风险。

　　根据草原火灾历史案例，对影响草原火灾发生概率的因子进行概率分布检

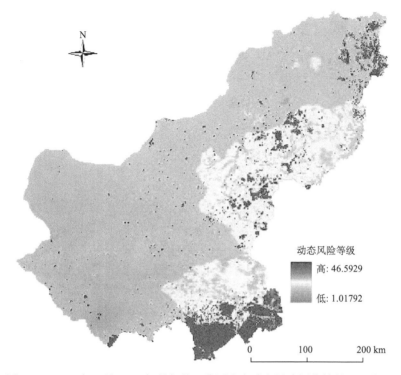

图 6-31　2005 年 5 月 16 日锡林郭勒盟草原火灾动态风险评价结果（见彩图）

验，得到每个影响因素的概率分布。利用蒙特卡罗模拟方法对草原火灾风险进行
5000 次模拟，得到草原火灾概率的预测结果（图 6-32）。

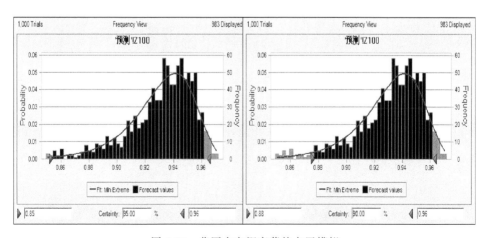

图 6-32　草原火灾概率蒙特卡罗模拟

　　通过对预测结果分析可知，95％的草原火灾发生概率为 0.85～0.96，90％的草原火灾发生概率为 0.88～0.96。根据上述判断，设定锡林郭勒盟草原火灾发生时的草原火灾概率阈值为 0.85。区域草原火灾发生概率小于 0.85 时可以认为不发生草原火灾，大于 0.85 能否发生草原火灾，还有分析草原火强度和草原火灾潜在损失的大小。

　　通过敏感性分析可以看出（图 6-33），日最小相对湿度的变化对草原火灾影响最大（0.81），其次是人为因素变化的影响（0.44），再次是最大风速变化的影响（0.23），最后是干旱指数变化的影响（0.11）。

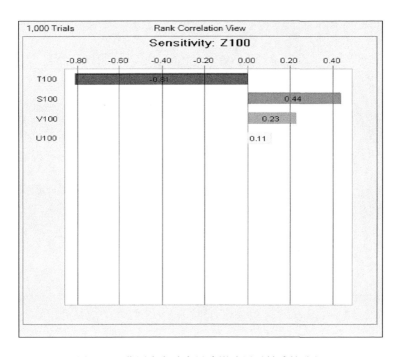

图 6-33　草原火灾动态风险影响因子敏感性分析

　　由于草原火灾动态风险评价主要体现在空间上和时间上的动态分布，从空间上来说，到居民点的距离、到道路的距离、空间上气象要素的分布、空间上可燃物连续度和承载量的分布，这些指标都影响草原火灾在空间上风险的分布；在时间上，气象要素的日变化驱动下的地表干旱情况、可燃物的年际变化以及这些原因造成的草原火的初始传播速度的变化。

　　本研究设定草原火灾动态风险主要影响因素为草原火灾起火概率（可能性）、草原火强度和草原火灾潜在损失三个指标。通过上面分析将这些指标的取值范围进行了限定。通过草原火灾历史案例分析，得到草原火灾起火概率、草原火强度和草原火灾潜在损失三个函数的分布特征（图 6-34）。在以上工作的基础上，利用蒙特卡罗模拟方法，对草原火灾动态风险进行 5000 次模拟，其模拟结果如图 6-35 所示。

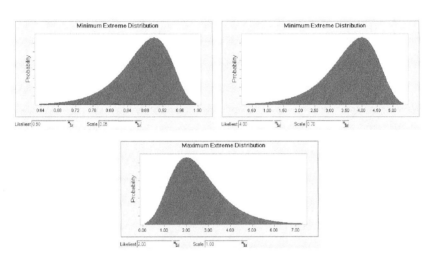

图 6-34　草原火灾风险因子的函数分布特征

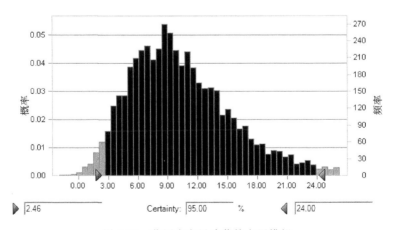

图 6-35　草原火灾风险蒙特卡罗模拟

各指标的敏感性分析如图 6-36 所示。图中 03 为草原火灾发生可能性，04 为草原火强度，05 为草原火灾潜在损失。通过分析可以看出，潜在损失对草原火灾风险的影响最大。

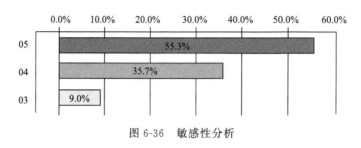

图 6-36　敏感性分析

6.6.4　风险评价结果的不确定性分析

由于草原火灾的发生具有一定的随机性和不确定性，因此草原火灾风险评价结果存在着不确定性。这主要是由以下几个方面决定的：

（1）随着社会的发展，人类的活动增强，人类的活动范围增大，引起草原火灾的范围增加。同时社会经济的发展，造成草原区承灾体的暴露性和脆弱性增加，人为增加了草原火灾的破坏性。

（2）随着全球气候变化，极端天气事件出现频繁，干雷暴等事件引发草原火灾的可能性增加。

（3）对草原火灾风险形成的机理认识存在着一定的局限性，使得对草原火灾风险评价领域的一些问题存在着一些不确定性和模糊性，这种局限性具体表现在以下几个方面：对复杂的环境系统，重要的因果关系缺乏了解；评价模型需要随实际情况进行改进；部分参数和权重在获取过程和推导过程中的不确定性。这些都造成草原火灾风险评价和模拟的不确定性。

第7章　草原火灾风险评价在火灾管理中的应用研究

在草原火灾管理中，草原火灾静态风险评价、草原火灾动态风险和草原火灾动态模拟是草原火灾管理中的重要组成部分。本部分主要开展了草原火灾风险评价的应用研究、草原火灾动态风险与静态风险耦合方式研究、草原火灾动态风险与草原火灾动态模拟耦合方式研究。

7.1　草原火灾风险评价应用研究

7.1.1　草原火灾风险管理过程

风险管理当中包括了对风险的量度、评估和应变策略。近年来，随着社会对公共安全敏感性的增长，公众对可能引起生命财产风险的自然或人为灾害的关注程度也随之增强，草原火灾作为草原牧区一种突发性强、破坏性大的自然灾害，其对生命财产风险的影响力自然也就更为公众所关注。

草原火灾风险评价是一项在草原火灾危险性、危害性、火灾预测、承灾体易损性或脆弱性、防火减灾能力分析及相关的不确定性研究的基础上进行的多因子综合分析工作。草原火灾风险管理是指人们对可能发生的草原火灾风险进行识别、估计和评价，并在此基础上有效地控制和处置灾害风险，以最低的成本实现最大安全保障的决策过程。

草原火灾风险管理是一个全过程的灾害管理模式，草原火灾风险管理强调全过程的管理思路，即在草原火灾的发生前进行预测、发生时进行模拟和发生后进行救助决策。这种灾害管理模式具体体现在：①在草原火灾发生前，开展草原火灾风险评价（静态评价和动态评价）；②草原火灾发生时，对不同的草原火灾场景进行模拟；③草原火灾发生后，开展草原火灾灾情评价，对救灾效益进行评价（图7-1）。

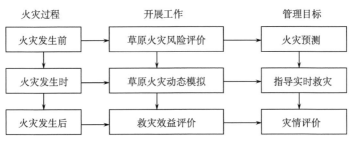

图 7-1 草原火灾风险在管理中的应用

7.1.2 静态草原火灾风险评价的应用

理想的草原火灾风险管理，是对草原区的草原火灾风险进行一连串排好优先次序的过程，使其中可以引致最大损失及最可能发生的事情优先处理，而相对风险较低的事情则押后处理。本研究通过草原火灾静态风险评价，得到草原区风险高低顺序排队，达到草原火灾风险管理的目的。

静态草原火灾风险评价主要有以下几个方面的应用。

1. 草原火灾物资库布局分析

草原火灾物资库是草原火灾救助的重要基础，优化草原火灾物资布局的目标是要提高草原火灾应急响应能力和救灾时效性。草原火灾物资库布局优化需要考虑各方面的因素，如道路通行能力、通达时间、物资库的空间位置等。其中草原火灾风险因素就是影响草原火灾物资库布局的一个重要因素。风险等级不同，物资库的规模、服务范围就存在着差别。当一个地区位于高风险区，这里的物资库服务范围就应该能辐射高风险区的全部地区，低风险区的物资库就规模小，服务范围辐射范围大。

2. 草原火灾风险可接受水平分析

我国对于草原火灾风险可接受水平的研究还很罕见。本研究利用蒙特卡罗方法，通过利用历史草原火灾对比分析，发现草原火灾年直接经济损失符合韦布尔概率密度分布函数（图 7-2）。

双参数韦布尔分布（weibull）是一种单峰的正偏态分布函数，主要用在可靠性分析中，本研究应用其来表示我国北方各省区草原火灾年损失概率，其概率密度函数表达式为

$$p(x) = \frac{\beta}{\alpha} \left(\frac{x}{\alpha}\right)^{\beta-1} \exp\left[-\left(\frac{x}{\alpha}\right)^{\beta}\right], \ (x > 0, \ \alpha > 0, \ \beta > 0)$$

式中，β 为形状参数；α 为尺度参数。

根据草原火灾案例分析，得到我国北方 12 省区草原火灾直接经济损失的韦布尔分布参数为 $\beta = 0.448$，$\alpha = 52.11$。通过模拟得到草原火灾年损失概率。

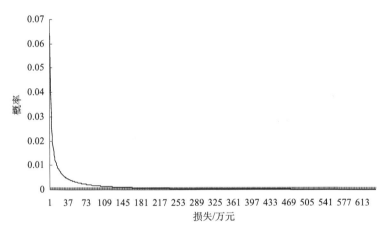

图 7-2　我国北方草原火灾年概率-损失曲线

3. 灾后补助措施的制定

草原风险评价包括草原火灾危险性评价、暴露性评价、脆弱性评价和防火减灾能力评价。其中暴露性评价和脆弱性评价是对草原火灾发生后的人员、财产等方面的评价。根据草原火灾发生的位置和规模，通过草原火灾暴露性和脆弱性评价，可以得到草原火灾的潜在损失规模。这对于草原火灾灾后补助措施的制定有重要意义。

4. 草原火灾风险管理对策的制定

草原火灾风险管理对策分为工程对策和非工程对策，通过静态风险评价，对

高风险区开展草原火灾物资库建设,实现草原火灾防火工程建设和牧业保险等。

5. 草原火灾扑救措施的制定

草原火灾风险综合考虑了草原火灾危险性、暴露性、脆弱性和防灾减灾能力,因此,草原火灾风险对草原火灾扑救具有重要意义。草原火灾动态模拟可以为草原火灾扑救提供指导工作。草原火灾各因子风险评价可以指出在草原火灾蔓延过程中哪些区域是高风险区,需要着力救助;哪些区域是低风险区,可以进行布置少许兵力;哪些地区是无风险区,不用救助。这对于草原火灾及时扑救和扑火资源的合理布局具有重要意义。

7.1.3　动态草原火灾风险评价的应用

草原火灾风险排序对草原火灾风险管理具有重要意义,但是在现实情况里,风险和发生的可能性通常并不一致,因此需要对实时的草原火灾风险情况进行掌握。动态草原火灾风险评价是一种草原火灾风险的预测方法。通过对天气条件、可燃物特征、承灾体等因素综合考虑,对草原火灾发生可能性分析、火强度分析、潜在损失分析。草原火灾可能性分析表明了该地区的天气条件是否适合发生草原火灾,草原火强度分析表明了该地区是否形成火灾危险,草原火灾的潜在损失表明了该地区能否形成损失。三个因素综合形成了草原火灾动态风险。草原火灾动态风险提供给我们的草原火灾发生可能性、草原火强度大小、草原火灾潜在损失三个方面的信息。

7.2　草原火灾风险评价与动态模拟耦合研究

7.2.1　静态与动态草原火灾风险评价的耦合研究

由于形成机理不同,草原火灾静态风险和动态风险各具自己的优缺点,静态草原火灾对于风险排序、布局优化、有效资源运用等具有重要应用价值。但是对于动态草原火灾风险来讲,草原火灾动态风险具有实时性、动态性,可以对草原火灾发生可能性进行实时预测,可以解决草原火灾发生可能性和风险不重合的问题。通过考虑静态风险和动态风险的优缺点,以权衡两者的比例,作出最合适的决定，进行草原火灾静态风险和动态风险的耦合显得非常必要。

　　由于静态草原火灾风险体现的是一个地区多年的草原火灾风险情况，包括了这个地区的孕灾环境、致灾因子、承灾体的暴露性和脆弱性及对草原火灾的管理能力。这是草原火灾发生的一个大的背景。动态草原火灾风险是在草原火灾静态风险的大背景下，由于致灾因子的突变造成的草原火灾风险在短时间内的大幅度变化。一般来讲，静态风险高的区域，动态风险往往很高；静态风险低的地方，动态风险往往很低。两者之间耦合方式可以用函数公式和矩阵方法来表示（图 7-3）。

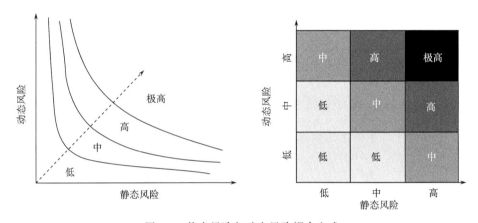

图 7-3　静态风险与动态风险耦合方式

7.2.2　草原火灾风险评价与草原火灾蔓延耦合研究

　　草原火灾动态风险、静态风险和草原火灾动态模拟是草原火灾风险管理中的重要组成部分。在草原火灾风险管理中，各个组成部分之间可以相互提供支持。图 7-4 说明了草原火灾风险评价在草原火灾管理中的具体应用方法。

　　从图 7-4 可以看出，静态风险评价是草原火灾风险管理的基础。通过静态风险评价，可以找出哪里草原火灾的危险性大、哪里草原火灾的脆弱性大，以及这些综合影响因素所形成的草原火灾风险的大小。在静态草原火灾风险的基础上开展动态火灾风险评价，可以提高草原火灾动态风险计算的精度以及设定草原火灾动态风险的阈值。当草原火灾动态风险大于一定阈值时，即假设发生草原火灾。否则当草原火灾动态风险小于一定阈值，这是需要对该地区的静态风险进行考虑

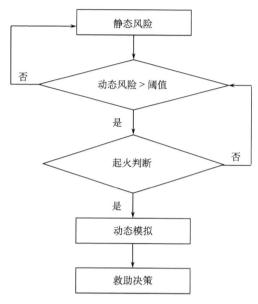

图 7-4 草原火灾风险评价与动态蔓延模拟耦合方式

是否采取措施，从而做出草原火灾风险的判断。当草原火灾动态风险大于一定阈值也不可能全部发生火灾，这需要对高风险区进行监测，如果发生火灾，则根据当时的情况进行草原火灾蔓延模拟，推导出草原火灾在不同时段模拟的范围、火强度、范围内的承灾体情况等。如果当时没有发生草原火灾，则这时的草原火灾风险就是一个纯粹的风险值。

第8章 结论与展望

8.1 取得结论

本研究从草原火行为分析入手，通过室内外实验，开展草原火发生外界条件与火行为参数的相关研究。在此基础上，本研究开展了草原火灾动态蔓延模拟研究、草原火灾静态风险评价、草原火灾动态风险评价，并在论文的最后对以上研究进行了耦合，提出了草原火灾风险管理流程。本研究的主要结论如下：

（1）利用我国北方草原火灾案例，统计得到我国北方草原火灾发生的时空分布特征。通过统计发现，我国草原火灾年之间的波动性很大，总体呈现上升趋势，但是重大、特大草原火灾发生次数明显减少。在空间上，内蒙古、黑龙江、四川、新疆是草原火灾的频发省区，吉林、青海、甘肃、河北次之，其他地区草原火灾发生频率较低。草原火灾发生次数与草原火灾损失之间存在着较大的不确定性，利用信息扩散理论，得到我国北方草原火灾发生次数与草原火灾损失之间的一个模糊关系，该模糊关系可以为草原火灾灾后救助提供依据。

（2）利用草原火灾案例，通过统计分析得到不同气象条件下草原火灾发生的可能性。通过统计发现，当日均相对湿度在 $17\% \sim 59\%$ 范围内时容易发生草原火灾，日最小相对湿度在 18% 左右时草原火灾发生的频率最大；当日平均气温在 $10℃$ 左右、日最高气温在 $20℃$ 左右时草原火灾发生频率最高；对于风速来讲，日平均风速为 $2 \sim 5m/s$、日最大风速为 $5 \sim 10m/s$ 时发生草原火灾的可能性最大。

（3）利用室内测试和室外点火实验，开展了草原可燃物特征与气象要素的关系函数分析、草原火行为参数与地形、气象要素、可燃物特征的关系函数分析，得到草原火发生、蔓延时的关键参数。

（4）利用元胞自动机方法，对草原火灾动态蔓延进行模拟，并利用锡林郭勒盟典型草原火灾案例进行模拟，模拟结果较符合实际情况，该模拟结果可以为草原火场救火指挥提供信息决策。

（5）利用自然灾害风险理论、层次分析法、综合分析法等，对我国北方草原火灾静态风险进行评价，得到我国北方十二省区草原火灾危险性、暴露性、脆弱性和防火减灾能力的评价，并实现综合草原火灾风险评价结果。利用标准差分类法，将草原火灾风险分为 5 级，实现了草原火灾静态风险区划图。

（6）综合考虑自然要素和人为要素，构建了草原火灾动态风险评价模型。在该模型中考虑到草原火灾发生概率、草原火强度和草原火灾潜在损失三个指标。在草原火灾发生概率评价中，提出了人为危险因子，并利用距离居民点距离和距离道路距离两个指标对锡林郭勒盟草原火灾人为危险因子进行评价。对于自然要素，本研究考虑了对草原火灾影响最大的气象因素，形成草原火灾动态风险发生的概率模型。草原火灾潜在损失评价中，主要考虑了受草原火灾影响最大的人员生命、财产和牧草三个指标。通过利用蒙特卡罗模拟，对草原火灾动态风险评价结果进行验证，该模型评价结果具有较高的可信度。

（7）提出草原火灾静态风险评价、草原火灾动态风险评价、草原火灾动态模拟的耦合方式和应用过程，并对下一步工作提出构想。

8.2　展望和未来要开展的工作

8.2.1　下一步的研究重点

草原火灾风险组成系统复杂，草原火灾风险的形成除了受到自然因素的影响外，还受到人为因素的影响。尤其是人为因素对草原火灾风险的影响，正随着经济社会的发展，变得越来越明显。本研究虽然在研究中考虑了草原火灾人为因素受到道路和居民点两个要素的影响。但这些结果主要是通过统计分析得出的，还没有从机理上对草原火灾风险的人为因素进行量化，人为因素（如生产方式等）对草原火灾风险的影响机理还不清楚，下一步需要进一步开展这方面的工作。

草原火灾风险评价中涉及了多项自然和人为因子，而且很多因子都是动态变化的，如何利用多个信息源及时有效地得到这些数据，是草原火灾风险研究中另一个重要问题。通过充分利用各个信息源的优势，可以提高草原火灾风险评价的精度，所以要通过草原火灾风险评价指标体系的确定，实现草原火灾风险评价数据源的确定，使获得草原火灾风险评价数据快速有效。

目前论文虽然提出了草原火灾静态、动态风险评价的耦合模式，但是评价结果具体可以达到哪些效果，还需要根据具体区域进行分析，这也正是下一步的工作重点。同时对草原火灾静态、动态风险评价及其耦合效果进行对比，并针对具体的评价结果提出具体建议。

除了以上两个方面外，由于本研究的草原火灾动态风险评价主要是集中在锡林郭勒盟草原，所以如果实现草原火灾风险评价的应用化，还需要对我国北方草原的其他地区进行模型验证和参数修正。

8.2.2　草原火灾风险评价应用研究

主要借助 c♯、vb 和 ArcEngine 技术实现草原火灾风险评价的自动化，其中包括草原火灾风险评价指标的信息采集处理、草原火灾危险性评价、草原火灾暴露性和脆弱性评价、草原火灾防火减灾能力评价、草原火灾静态风险区划、草原火灾动态风险评价结果、草原火灾动态模拟。实现草原火灾风险评价、草原火灾动态模拟的有机融合。

8.2.3　草原火灾生态影响评价

草原火灾除了对草原区的人员生命和财产造成影响外，还会对草原区的牲畜、野生生物、珍贵物种、地表土壤等形成一定的破坏作用。我国对草原灾害的损失评价中，只对生命财产及扑火费用等进行了统计，还没有对草原火灾的潜在生态影响进行评价。由于草原本身就是一个过渡类型，草原本身的脆弱性导致了高强度草原火灾发生后草原区植被的破坏、土壤的流失、土壤沙化的严重等。因此开展草原火灾生态影响评价对草原管理具有重要意义。

参 考 文 献

［1］卢欣石. 中国草情［M］. 北京：开明出版社，2002.

［2］王宗礼，孙启忠，常秉文. 草原灾害［M］. 北京：中国农业出版社，2009：6.

［3］周道玮，张智山. 草地火因子及其生态作用［J］. 中国草地，1996（2）：73-76.

［4］程渡，崔鲜一，彭玉梅. 草地火灾生成原因及火管理系统的研究［J］. 四川草原，2002
（3）：39-45.

［5］Perry G L W，Sparrow A D，Owens I F. A GIS-supported model for the simulation of the
spatial structure of wildland fire，Cass Basin，New Zealand［J］. Journal of Applied Ecolo-
gy，1999，36（4）：502-518.

［6］黄作维. 基于 GIS 和 RS 的林火行为预测研究［J］. 西北林学院学报，2006，21（3）：
94-97.

［7］郭平，孙刚，周道玮，等. 草地火行为［J］. 应用生态学报，2001，12（5）：746-748.

［8］Wink R I，Wright H A. Effects of fire on an Ashe Juniper community［J］. Range Manage-
ment，1973（26）：326-329.

［9］Mobley H E. A guide for prescribed fire in southern forest［R］//USDA Forest Service.
Southeastern Area State and Private Forestry，1973.

［10］周道玮，张智山. 草地火燃烧、火行为和火气候［J］. 中国草地，1996（3）：74-77.

［11］Marsden-Smedley JB，Catchpole WR. Fire behaviour modelling in Tasmanian buttongrass
moorlands. II. Fire behaviour. International Journal of Wildland Fire. 1995，5：215-228.

［12］单延龙，金森，李长江. 国内外林火蔓延模型简介［J］. 林火研究，2004（4）：18-21.

［13］周广胜，卢琦. 气象与森林草原火灾［M］. 北京：气象出版社，2009.

［14］刘曦，金森. 基于平衡含水率的森林可燃物含水率预测方法的研究进展［J］. 林业科学，
2007，43（12）：126-133.

［15］Verbesselt J，Fleck S，Coppin P. Estimation of fuel moisture content towards fire risk as-
sessment：a review［J］. Forest Fire Research & Wildland Fire Safety，2002.

［16］García M，Chuvieco E，Nieto H，et al. Combining AVHRR and meteorological data for
estimating live fuel moisture content［J］. Remote Sensing of Environment，2008（112）：

3618-3627.

[17] Brandis K，Jacobson C. Estimation of vegetative fuel loads using Landsat TM imagery in New South Wales，Australia [J]. International Journal of Wildland Fire，2003（12）：185-194.

[18] 王会研，李亮，金森，等. 一种新的可燃物含水率预测方法介绍 [J]. 森林防火，2008（4）：10-12.

[19] McArthur A G. Fire behaviour in eucalypt forests [M] //Forestry and Timber Bureau Leaflet No. 107. Canberra：Department of National Development，1967.

[20] Anderson H E. Aids to determining fuel models for estimating fire behavior [R]. Ogden，Utah：In. Gen. Tech. Rep. INT-122. USDA Forest Service，Intermountain Forest and Range Experiment Station，1982.

[21] Cheney N P，Gould J S. Fire growth in grassland fuels [J]. Interna tional Journal of Wildland Fire，1995，5（4）：237-247.

[22] Weise D R，Biging G S. A qualitative comparison of fire spread models incorporating wind and slope effects [J]. Forest Science，1997，43（2）：170-180.

[23] Cheney N P，Gould J S，Catchpole W R. Prediction of fire spread in grasslands [J]. International Journal of Wildland Fire，1998，8（1）：1-13.

[24] Sauvagnargues-Lesage S，Dusserre G，Robert F，et al. Experimental validation in Mediterranean shrub fuels of seven wildland fire rate of spread models [J]. International Journal of Wildland Fire，2001，10（1）：15-22.

[25] Fernandes P M. Fire spread prediction in shrub fuels in Portugal [J]. Forest Ecology and Management，2001，144（1-3）：67-74.

[26] Pastor E，Zárate L，Planas E，et al. Mathematical models and calculation systems for the study of wildland fire behaviour [J]. Progress in Energy and Combustion Science，2003，29（2）：139-153.

[27] Bilgili E，Saglam B. Fire behavior in maquis fuels in Turkey [J]. Forest Ecology and Management，2003，184（1-3）：201-207.

[28] 王正非. 通用森林火险等级系统 [J]. 自然灾害学报，1992，1（3）：39-44.

[29] 王正非. 山火初始蔓延速度测算法 [J]. 山地研究，1983，1（2）：42-51.

[30] 舒立福，寇晓军. 森林特殊火行为格局的卫星遥感研究 [J]. 火灾科学，2001，10（3）：140-143.

[31] 傅泽强，杨友孝，戴尔阜. 内蒙古干草原火动态及火险气候区划研究 [J]. 中国农业资源与区划，2001 (6)：18-22.

[32] 王丽涛，王世新，乔德军，等. 火险等级评估方法与应用分析 [J]. 地球信息科学，2008，10 (5)：579-585.

[33] 林其钊，舒立福. 林火概论 [M]. 合肥：中国科学技术大学出版社，2003.

[34] 李兴华，郝润全，李云鹏. 内蒙古森林草原火险等级预报方法研究及系统开发 [J]. 内蒙古气象，2001 (3)：32-36.

[35] 周伟奇，王世新，周艺，等. 草原火险等级预报研究 [J]. 自然灾害学报，2004，13 (2)：75-79.

[36] Fosberg M A. Weather in wildland fire management: the fire weather index [C] //Proceedings of the Conference on Sierra Nevada Meteorology, June 19-21, Lake Tahoe, California, USA. Boston: American Meteorological Society, 1978: 1-4.

[37] Noble I R, Bary G A V, Gill A M. McArthur's fire-danger meters expressed as equations [J]. Australian Journal of Ecology, 1980 (5): 201-203.

[38] Van Wagner C E. The development and structure of the Canadian Forest Fire Weather Index System [R]. Chalk River Ont: Canadian Forest Service, Petawawa National Forestry Institute. FTR-35, 1987.

[39] Goodrick S L. Modification of the Fosberg fire weather index to include drought [J]. International Journal of Wildland Fire, 2002 (11): 205-211.

[40] Hessburg P F, Reynolds K M, Keane R E, et al. Evaluating wildland fire danger and prioritizing vegetation and fuels treatments [J]. Forest Ecology and Management, 2007 (247): S17.

[41] Snyder R L, Spano D, Duce P, et al. A fuel dryness index for grassland fire-danger assessment [J]. Agricultural and Forest Meteorology, 2006, 139 (1-2): 1-11.

[42] McRae R H D. Re-engineering fire danger index [R]. Australian Capital Territory, Emergency Services Bureau, 2006, 139 (1-2): 1-11.

[43] Matthews S. A comparison of fire danger rating systems for use in forests [J]. Australian Meteorological Magazine, 2009 (58): 41-48.

[44] Sharples J J, McRae R H D, Weber R O, et al. A simple index for assessing fire danger rating [J]. Environmental Modelling and Software, 2009, 24 (6): 764-774.

[45] Kaloudis S, Tocatlidou A, Lorentzos N A, et al. Assessing wildfire destruction danger:

a decision support system incorporating Uncertainty [J]. Ecological Modelling, 2005 (181): 25-38.

[46] Krueger J, Smith D. A practical approach to fire hazard analysis for offshore structures [J]. Journal of Hazardous Materials, 2003 (104): 107-122.

[47] Hardy C C. Wildland fire hazard and risk: problems, definitions, and context [J]. Forest Ecology and Management, 2005 (211): 73-82.

[48] Nunes J R S, Soares R V, Batista A C. FMA+—A new wildland fire danger index for the state of Paraná, Brazil [C] //FIRE PREVENTION-ORAL PRESENTATIONS, V International Conference on Forest Fire Research, 27-30 November 2006, Figueira da Foz, Portugal.

[49] Hessburg P F, Reynolds K M, Keane R E, et al. Evaluating wildland fire danger and prioritizing vegetation and fuels treatments [J]. Forest Ecology and Management, 2007 (247): 1-17.

[50] Burgan R E, Klaver R W, Klaver J M. Fuel models and fire potential form satellite and surface observations [J]. International journal of wildland fire, 1998 (8): 159 -170.

[51] Lasaponara R, Lanorte A. Remotely sensed characterization of forest fuel types by using satellite ASTER data [J]. International Journal of Applied Earth Observation and Geoinformation, 2007 (9): 225-234.

[52] Schneider P, Roberts D A, Kyriakidis P C. A VARI-based relative greenness from MODIS data for computing the fire potential index [J]. Remote Sensing of Environment, 2008, 112 (3): 1151-1167.

[53] Javier Lozano F, Suárez-Seoane S, De Luis E. Assessment of several spectral indices derived from multi-temporal Landsat data for fire occurrence probability modeling [J]. Remote Sensing of Environment, 2007 (107): 533-544.

[54] Paltridge G W, Barber J. Monitoring grassland dryness and fire potential in Australia with NOAA/AVHRR data [J]. Remote Sensing of Environment, 1988 (25): 381-394.

[55] Lampin-Mailleta C, Jappiota M, Longa M, et al. Characterization and mapping of dwelling types for forest fire prevention, computers [J]. Environment and Urban Systems, 2009, 33 (3): 224-232.

[56] 傅泽强. 草原火灾灾情评估方法的研究 [J]. 内蒙古气象, 2001 (3): 36-40.

[57] 刘希林, 莫多闻. 泥石流易损度评价 [J]. 地理研究, 2002, 21 (5): 569-576.

[58] Verbesselt J, Fleck S, Coppin P. Estimation of fuel moisture content towards fire risk assessment: a review [J]. Forest Fire Research and Wildland Fire Safety, 2002.

[59] Nolasco M I M, Viegas D X. Effectiveness of two wildfire weather risk indexes in three zones of Spain [J]. Forest Ecology and Management, 2006, 234 (1): S58.

[60] Kim D H, Lee M B, Koo K S, et al. Forest fire risk assessment through analyzing ignition characteristics of forest fuel bed [J]. Forest Ecology and Management, 2006, 234 (1): S31.

[61] Bugalho L, Café B, Pessanha L, et al. Assessment of forest fire risk in Portugal combining meteorological and vegetation information [J]. Forest Ecology and Management, 2006 (234): S69.

[62] Finney M A. The challenge of quantitative risk analysis for wildland fire [J]. Forest Ecology and Management, 2005, 211 (1-2): 97-108.

[63] Preisler H K, Brillinger D R, Burgan R E, et al. Probability based models for estimation of wildfire risk [J]. International Journal of Wildland Fire, 2004 (13): 133-142.

[64] Long A, Randall C. Wildfire risk assessment guide for homeowners in the Southern United States [D]. School of Forest Resources and Conservation, University of Florida, 2004.

[65] Bachmann A. GIS-based wildland fire risk analysis [D]. Doctor dissertation, Department of Geography, University of Zurich, 2001.

[66] Miller C. Evaluating risks and benefits of wildland fire at landscape scales. Proceedings of the Invasive Species Workshop: The Role of Fire in the Control and Spread of Invasive Species Fire held at Conference 2000: The First National Congress on Fire Ecology, Prevention, and Management on November 27-December 1, 2000.

[67] Carmel Y, Paz S, Jahashan F, et al. Assessing fire risk using Monte Carlo simulations of fire spread [J]. Forest Ecology and Management, 2009 (257): 370-377.

[68] Au S K, Wang Z H, Lo S M. Compartment fire risk analysis by advanced Monte Carlo simulation [J]. Engineering Structures, 2007 (29): 2381-2390.

[69] Fairbrother A, Turnley J G. Predicting risks of uncharacteristic wildfires: application of the risk assessment process [J]. Forest Ecology and Management, 2005 (211): 28-35.

[70] Fiorucci P, Gaetani F, Minciardi R. Power law distribution of wildland fires and static risk assessment [J]. Forest Ecology and Management, 2006 (234): S22.

[71] Adélia N, Jorge D. Assessment of forest fire risk in the Serra da Estrela Natural Park (Portugal): methodological application and validation [J]. Forest Ecology and Management, 2006 234 (1): S51.

[72] Javier Lozano F, Suárez-Seoane S, De Luis E. Assessment of several spectral indices derived from multi-temporal Landsat data for fire occurrence probability modeling [J]. Remote Sensing of Environment, 2007 (107): 533-544.

[73] Bonazountas M, Kallidromitou D, Kassomenos P, et al. Forest fire risk analysis [J]. Human and Ecological Risk Assessment, 2005 (11): 617-626.

[74] Maselli F, Rodolfi A, Bottai L, et al. Classification of Mediterranean vegetation by TM and ancillary data for the evaluation of fire risk [J]. International Journal of Remote Sensing, 2000 (21): 3303-3313.

[75] Mbow C, Goita K, Benie G. Spectral indices and fire behavior simulation for fire risk assessment in savanna ecosystems [J]. Remote Sensing of Environment, 2004 (91): 1-13.

[76] Martínez J, Vega-Garcia C, Chuvieco E. Human-caused wildfire risk rating for prevention planning in Spain [J]. Journal of Environmental Management, 2009 (90): 1241-1252.

[77] Evan Mercer D, Prestemon J P. Comparing production function models for wildfire risk analysis in the wildland-urban interface [J]. Forest Policy and Economics, 2005 (7): 782-795.

[78] Bugalho L, Café B, Pessanha L, et al. Assessment of forest fire risk in Portugal combining meteorological and vegetation information [J]. Forest Ecology and Management, 2006 (234): S69.

[79] Javier Lozano F, Suárez-Seoane S, De Luis E. Assessment of several spectral indices derived from multi-temporal Landsat data for fire occurrence probability modeling [J]. Remote Sensing of Environment, 2007 (107): 533-544.

[80] Verbesselt J, Somers B, Lhermitte S, et al. Monitoring herbaceous fuel moisture content with SPOT VEGETATION time-series for fire risk prediction in savanna ecosystems [J]. Remote Sensing of Environment, 2007, 108 (4): 357-368.

[81] Jaiswal R K, Mukherjee S, Raju K D, et al. Forest fire risk zone mapping from satellite imagery and GIS [J]. International Journal of Applied Earth Observation and Geoinformation, 2002 (4): 1-10.

[82] Hernandez-Leal P A, Arbelo M, Gonzalez-Calvo A. Fire risk assessment using satellite

data [J]. Advances in Space Research, 2006 (37): 741-746.

[83] Zhang Z X, Zhang H Y, Zhou D W. Using GIS spatial analysis and logistic regression to predict the probabilities of human-caused grassland fires, 2010, 74 (3): 386-393.

[84] Iliadis L S. A decision support system applying an integrated fuzzy model for long-term forest fire risk estimation [J]. Environmental Modelling & Software, 2005 (20): 613-621.

[85] Fiorucci P, Gaetani F, Minciardi R. Development and application of a system for dynamic wildfire risk assessment in Italy [J]. Environmental Modelling & Software, 2008, 23 (6): 690-702.

[86] Lee B S, Alexander M E, hawkes B C, et al. Information systems in support of wildland fire management decision making in Canada [J]. Computers and Electronics in Agriculture, 2002 (37): 185-198.

[87] Vakalis D, Sarimveis H, Kiranoudis C, et al. A GIS based operational system for wildland fire crisis management I, Mathematical modeling and simulation [J]. Applied Mathematical Modelling, 2004, 28 (4): 389-410.

[88] Vakalis D, Sarimveis H, Kiranoudis C T, et al. AGIS based operational system for wildland fire crisis management, II. System architecture and case studies [J]. Applied Mathematical Modelling, 2004, 28 (4): 411-425.

[89] Bonazountas M, Kallidromitou D, Kassomenos P, et al. A decision support system for managing forest fire casualties [J]. Journal of Environmental Management, 2007 (84): 412-418.

[90] Nute D, Potter W D, Cheng Z, et al. A method for integrating multiple components in a decision support system [J]. Computers and Electronics in Agriculture, 2005 (49): 44-59.

[91] Bonazountas M, Kallidromitou D, Kassomenosc P, et al. A decision support system for managing forest fire casualties [J]. Journal of Environmental Management, 2007, 84 (4): 412-418.

[92] 佟志军, 张继权, 廖晓玉. 基于 GIS 的草原火灾风险管理研究 [J]. 应用基础与工程科学学报, 2008, 16 (2): 161-167.

[93] Tong Z, Zhang J, Liu X. GIS-based risk assessment of grassland fire disaster in western Jilin province, China [J], Stochastic Environmental Research and Risk Assessment, 2009, 23 (4): 463-471.

[94] Braun K. Wildland fire risk—integrating community resilience or community vulnerability attributes and hazard assessments, to provide a comprehensive risk model [J]. Forest Ecology and Management, 2006, 234 (1): S29.

[95] Pitman A J, Narisma G T, McAneney J. The impact of climate change on the risk of forest and grassland fires in Australia [J]. Climatic Change, 2007 (84): 383-401.

[96] Tabara D, Sauri D, Cerdan R. Forest fire risk management and public participation in changing socioenvironmental conditions: a case study in a Mediterranean Region [J]. Risk Analysis, 2003 (23): 249-260.

[97] Evan Mercer D, Prestemon J P. Comparing production function models for wildfire risk analysis in the wildland-urban interface [J]. Forest Policy and Economics, 2005 (7): 782-795.

[98] Finney M A. FARSITE: fire area simulator—model development and evaluation [R]. Research Paper RMRS-RP-4. Ogden, UT: USDA Forest Service, Rocky Mountain Research Station, 1998.

[99] Muzya A, Nutaro J J, Zeigler B P, et al. Modeling and simulation of fire spreading through the activity tracking paradigm [J]. Ecological modelling, 2008 (219): 212-225.

[100] Fujioka F M. A new method for the analysis of fire spread modeling errors [J]. International Journal of Wildland Fire, 2002 (11): 193-203.

[101] Rothermel R. A Mathematical Model for Predicting Fire Spread in Wildland Fuels [R]. Res. Pap. INT-115. Ogden, UT: U. S. Department of Agriculture, Intermountain Forest and Range Experiment Station, 1972.

[102] Perry G L W, Sparrow A D, Owens I F. A GIS-supported model for the simulation of the spatial structure of wildland fire, Cass basin, New Zealand [J]. Journal of Applied Ecology, 1999, 36 (4): 502-518.

[103] Ensis. SiroFire-a computer-based fire spread simulator [EB/OL]. http//www. ensisjv. com/ Research Capabilities Achievements/Forest Health Biosecurity and Fire/Bushfire Research/ BushfireSoftware, 2006.

[104] Richards G D. A general mathematical framework for modeling two-dimensional wildfire spread [J]. International Journal of Wildland Fire, 1995, 5 (2): 63-72.

[105] Arca B, Duce P, Laconi M, et al. Evaluation of FARSITE simulator in Mediterranean maquis [J]. International Journal of Wildland Fire, 2007 (16): 563-572.

[106] Arca B，Duce P，Pellizzaro G，et al. Evaluation of FARSITE simulator in Mediterranean shrubland [J]. Forest Ecology and Management，2006（234）：110-1110.

[107] Karafyllidis I，Thanailakis A. A model for predicting forest fire spreading using cellular automata [J]. Ecological Modelling，1997（99）：87-97.

[108] Alexandridis A，Vakalis D，Siettos C I，et al. A cellular automata model for forest fire spread prediction：the case of the wildfire that swept through Spetses Island in 1990 [J]. Applied Mathematics and Computation，2008（204）：191-201.

[109] Encinas L H，White S H，del Rey A M，et al. Modelling forest fire spread using hexagonal cellular automata [J]. Applied Mathematical Modelling，2007（31）：1213-1227.

[110] Berjak S G，Hearne J W. An improved cellular automaton model for simulating fire in a spatially heterogeneous Savanna system [J]. Ecological Modelling，2002（148）：133-151.

[111] Yassemi S，Dragicevic S，Schmidtb M. Design and implementation of an integrated GIS-based cellular automata model to characterize forest fire behaviour [J]. Ecological Modelling，2008（210）：71-84.

[112] Cunningham P，Linn R R. Dynamics of fire spread in grasslands：numerical simulations with a physics-based fire model [J]. Forest Ecology and Management，2006（234S）：S92.

[113] Plourde F，Doan-Kim S，Dumas J C，et al. A new model of wildland fire simulation [J]. Fire Safety Journal，1997（29）：283-299.

[114] Richards G D. A general mathematical framework for modeling two-dimensional wildfire spread [J]. International Journal of Wildland Fire，1995，5（2）：63-72.

[115] 毛贤敏. 风和地形对林火蔓延速度的作用 [J]. 应用气象学报，1993，4（1）：100-104.

[116] 唐晓燕，孟宪宇，葛宏立，等. 基于栅格结构的林火蔓延模拟研究及其实现 [J]. 北京林业大学学报，2003，25（1）：54-58.

[117] 宋丽艳，周国模，汤孟平，基于 GIS 的林火蔓延模拟的实现. 浙江林学院学报，2007，24（5）：614-618.

[118] 毛学刚，范文义，李明泽. 基于 GIS 模型的林火蔓延计算机仿真 [J]. 东北林业大学学报，2008，36（9）：38-41.

[119] 温广玉，刘勇. 林火蔓延的数学模型及其应用 [J]. 东北林业大学学报，1994，22（2）：31-36.

[120] 王长缨，周明全，张思玉.基于规则学习的林火蔓延元胞自动机模型 [J].福建林学院学报，2006，26（3）：229-234.

[121] 黄华国，张晓丽.基于三维曲面元胞自动机模型的林火蔓延模拟 [J].北京林业大学学报，2005，27（3）：94-97.

[122] 王惠，周汝良，庄娇艳，等.林火蔓延模型研究及应用开发 [J].济南大学学报（自然科学版），2008，22（3）：295-300.

[123] Roff A，Goodwin N，Merton R. Assessing fuel loads using remote sensing technical report summary [C]. University of New of South Wales，Sydney，Australia，2005.

[124] Lasaponara R，Lanorte A. Mapping of fuel cover using remote sensing data [R] //Proceeding of the 2th Workshop of the EARSel SIG on Land Use and Land Cover，2007.

[125] Varga T A，Asner G P. Hyperspectral and LiDAR remote sensing of fuels in Hawii Volcanoes National Park [J]. Ecological Applications，2007.

[126] 范一大，王汉生，裴浩.基于 RS/GIS 的森林草原火灾监测辅助决策系统 [J].内蒙古气象，1998，（1）：21-23.

[127] 苏和，刘桂香.草原火灾的实时监测研究 [J].中国草原，1998，（6）：47-49.

[128] 张继权，周道玮，宋中山，等.草原火灾风险评价与风险管理初探 [J].应用基础与工程科学学报，2006（14）：56-62.

[129] 辛晓平，张保辉，李刚，等.1982-2003 年中国草地生物量时空格局变化研究 [J].自然资源学报，2009，24（9）：1582-1592.

[130] 周洪建，王静爱，李睿，等，基于 SPOTVEG NDVI 和降水序列的退耕还林（草）效果分析 [J].水土保持学报，2008，22（4）：70-74.

[131] 马保东，陈绍杰，吴立新，等.基于 SPOT 卫星 NDVI 数据的神东矿区 植被覆盖动态变化分析 [J].地理与地理信息科学，2009，25（1）：1217-1222.

[132] 刘桂香，苏和，李石磊.内蒙古草原火灾概述 [J].中国草地，1999（4）：76-78.

[133] 陈宝智.系统安全评价与预测 [M].北京：冶金工业出版社，2005.

[134] 周爱桃，景国勋，孙刚，等.改进的预测模型在火灾预测中的应用 [J].中国安全生产科学技术，2006，2（1）：62-64.

[135] 张启明.灰色马尔可夫预测及在地震预报中的应用 [J].地震学刊，1994（1）：25-29.

[136] 黄崇福.自然灾害风险评价理论与实践 [M].北京：科学出版社，2005.

[137] 王倩，金萍，陆余楚.风险分析中的信息扩散及其参数优化 [J].应用数学与计算数学学报，2003，17（2）：75-84.

[138] Huang C F, Moraga C. Extracting fuzzy if-then rules by using the information matrix technique [J]. Journal of Computer and System Sciences, 2005, 70 (1): 26-52.

[139] Keetch J J, Byram G M. A drought index for forest fire control [R]. US Dept of Agriculture Forest Service Research Paper SE-38, 1968.

[140] Noble I R, Bary G A V, Gill A M. McArthur's fire-danger equations expressed as equations [J]. Australian Journal of Ecology, 1980 (5): 201-203.

[141] 李贵霖. 浅谈甘肃草原火灾监测与控制战术 [J]. 农业科技与信息, 2008 (15): 69-71.

[142] Byram G M. An analysis of the drying process in forest fuel material. Paper presented at the 1963 international symposium on humidity and moisture [C]. Washington D C, 1963: 38-40.

[143] 郭平, 康春莉, 李军, 等. 四种草本植物可燃物含水率在干燥过程中的变化规律 [J]. 草地学报, 2003, 11 (3): 251-255.

[144] Nelson R M. Prediction of diurnal change in 102hour fuel moisture content [J]. Canadian Journal of Forest Research, 2000 (30): 1071-1087.

[145] 林其钊, 舒立福. 林火概论 [M]. 合肥: 中国科学技术大学出版社, 2003: 132.

[146] 官丽莉, 周小勇, 罗艳. 我国植物热值综述 [J]. 生态学杂志, 2005, 24 (4): 452-457.

[147] 舒立福, 田晓瑞. 国外森林防火工作现状与展望 [J]. 世界林业研究, 1997, 10 (2): 28-36.

[148] 谢惠民. 非线性科学丛书: 复杂性与动力系统 [M]. 上海: 上海科技教育出版社, 1994.

[149] 李才伟. 元胞自动机及复杂系统的时空演化模拟 [D]. 武汉: 华中理工大学博士学位论文, 1997.

[150] 周成虎, 孙战利, 谢一春. 地理元胞自动机研究 [M]. 北京: 科学出版社, 1999: 12.

[151] Covello V T, Merkhofer M W. Risk Assessment Methods: Approaches for Assessing, Health & Environmental Risks [M]. New York: Plenum press, 1993.

[152] Sekizawa A. Fire risk analysis: its validity and potential for application in fire safety [C] //Gottuk D, Lattimer B. Proceedings of the 8th International Symposium on Fire Safety Science. International Association on Fire Safety Science, 2005: 85-100.

[153] 张继权, 冈田宪夫, 多多纳裕一. 综合自然灾害风险管理: 全面整合的模式与中国的战略选择 [J]. 自然灾害学报, 2006, 15 (1): 29-37.

彩 图

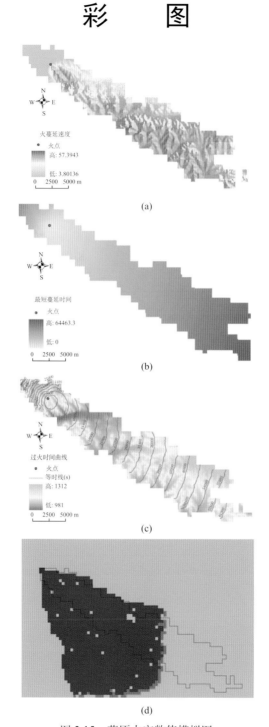

(a)

(b)

(c)

(d)

图 5-15　草原火灾数值模拟图

(a) 草原火灾蔓延速度图；(b) 草原火灾最短蔓延时间图；(c) 草原火灾过火时间等时线图；
(d) 草原火灾动态模拟图

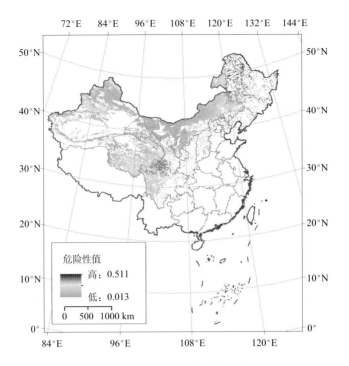

图 6-11 草原火灾危险性评价

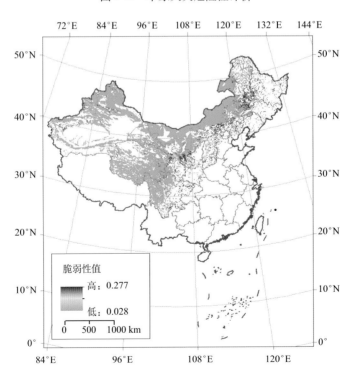

图 6-13 草原火灾脆弱性评价

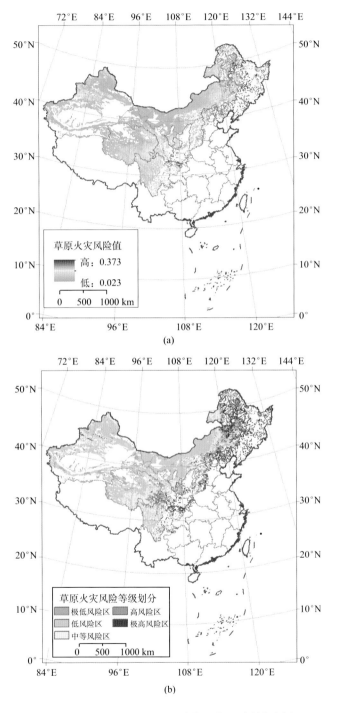

图 6-15　我国北方草原火灾风险值(a)与风险等级划分(b)

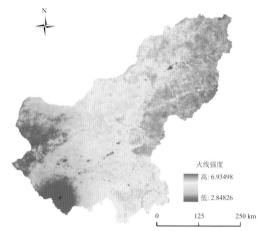

图 6-29　2005年5月16日草原火线强度标准化图

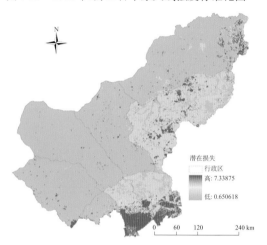

图 6-30　2005年锡林郭勒盟草原火灾潜在损失

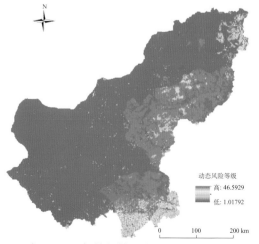

图 6-31　2005年5月16日锡林郭勒盟草原火灾动态风险评价结果